FORSCHUNGSBERICHT DES LANDES NORDRHEIN-WESTFALEN

Nr. 3002 / Fachgruppe Umwelt/Verkehr

Herausgegeben vom Minister für Wissenschaft und Forschung

Prof. Dr.-Ing. Reinald Skiba
Dipl.-Ing. Michael Stenger
Fachgebiet Sicherheitstechnik/Produktion
Universität - Gesamthochschule - Wuppertal

Ermittlung und Analyse von Unfallschwerpunkten im innerbetrieblichen Transport

Westdeutscher Verlag 1981

CIP-Kurztitelaufnahme der Deutschen Bibliothek

Skiba, Reinald:
Ermittlung und Analyse von Unfallschwerpunkten im innerbetrieblichen Transport / Reinald Skiba ; Michael Stenger. - Opladen : Westdeutscher Verlag, 1981.

(Forschungsberichte des Landes Nordrhein-Westfalen ; Nr. 3002 : Fachgruppe Umwelt, Verkehr)

ISBN 978-3-531-03002-9 ISBN 978-3-322-88457-2 (eBook)
DOI 10.1007/978-3-322-88457-2

NE: Stenger, Michael:

Gesamtherstellung: Westdeutscher Verlag

ISBN 978-3-531-03002-9

Vorwort

Aus zahlreichen Veröffentlichungen war bekannt, daß der innerbetriebliche Transport ein Schwerpunkt des Unfallgeschehens im gewerblichen Bereich ist. Die Aussagen dieser Veröffentlichungen ergaben jedoch kein einheitliches Bild über Qualität und Quantität des Unfallgeschehens. Daher war es bisher schwer möglich, eine Unfallverhütungsstrategie zur Verbesserung der Arbeitssicherheit beim innerbetrieblichen Transport zu entwerfen, um gezielte Unfallverhütung zu betreiben.

Diese Lücke versucht die vorliegende Arbeit zu schließen. Sie befaßt sich im wesentlichen mit der Gewinnung von qualitativen und quantitativen Aussagen über das Unfallgeschehen beim innerbetrieblichen Transport und den daraus zu ziehenden Folgerungen.

Die Verfasser danken dem Minister für Wissenschaft und Forschung des Landes Nordrhein-Westfalen für die finanzielle Unterstützung der Arbeit. Ferner danken sie dem Minister für Arbeit, Gesundheit und Soziales sowie den Bediensteten der Gewerbeaufsichtsämter Dortmund, Soest und Wuppertal für die Unterstützung bei der Einsichtnahme in die Datenträger. Die Verfasser danken ferner den Angehörigen des Rechenzentrums der Gesamthochschule Wuppertal sowie den Studenten Celik, Batuman,Kumm, Laun und Müller für zahlreiche Hilfe bei Datenerhebung, -auswertung und Anfertigen der Grafiken sowie Frau Riefenberg für das Anfertigen des offsetdruckfertigen Originals.

Wuppertal, den 1. März 198o

Gliederung

1 Einführung

1.1 Stand der Unfallentwicklung

Der Schutz des Menschen vor Gefahren, die sich in Körperverletzungen und sonstigen Gesundheitsschäden auswirken können, ist in der Bundesrepublik Deutschland nicht nur eine moralisch-ethische Verpflichtung und eine wirtschaftliche Notwendigkeit, sondern auch rechtlich verbrieft (vgl. Grundgesetz vom 23.5.1949).

Inwieweit dieses Ziel erreicht ist, ergibt sich aus Zahl und Schwere der sich tatsächlich ereignenden Unfälle, da Unfallereignisse die Auswirkungen der Gefahr konkretisieren und damit auch Kriterien der Gefahr sind.

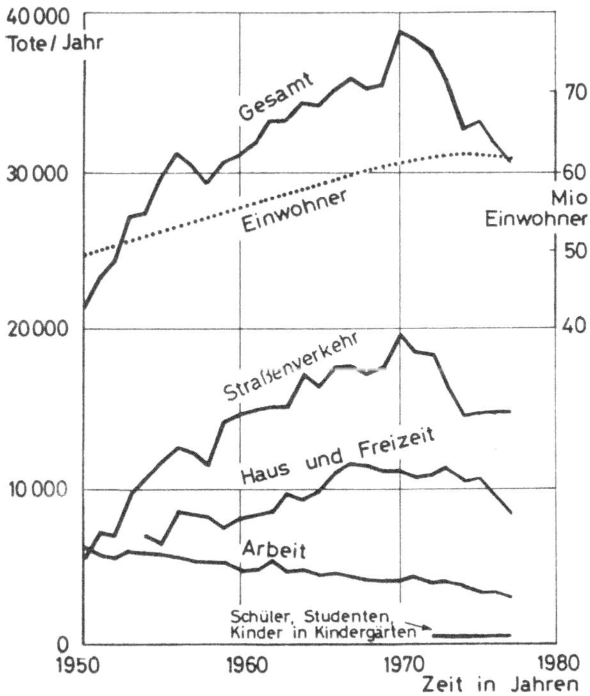

Bild 1: Tödliche Unfälle in der Bundesrepublik Deutschland

Bild 1 gibt hier eine Übersicht über die Entwicklung der tödlichen Unfälle. Danach ist die Gesamtzahl der tödlichen Unfälle bis zum Jahre 197o gestiegen, danach jedoch gefallen. Im Arbeitsbereich ist ein ständiger Rückgang der tödlichen Unfälle zu verzeichnen. Relativieren wir die jährlich sich ereignenden tödlichen Unfälle auf die Risikozeit (1 Mill. Arbeitsstunden oder 1000 Vollarbeiter), so zeigt sich ein noch stärkeres Absinken der Unfallkurve (vgl. Bild 3). Die Ursachen hierfür liegen in der Sicherheitsarbeit von überbetrieblichen und betrieblichen Stellen, vor allem aber in der Automatisierung, die von schwerer und gefährlicher physischer Arbeit befreit und die Gefahrenträger Mensch und Gegenstand trennt.

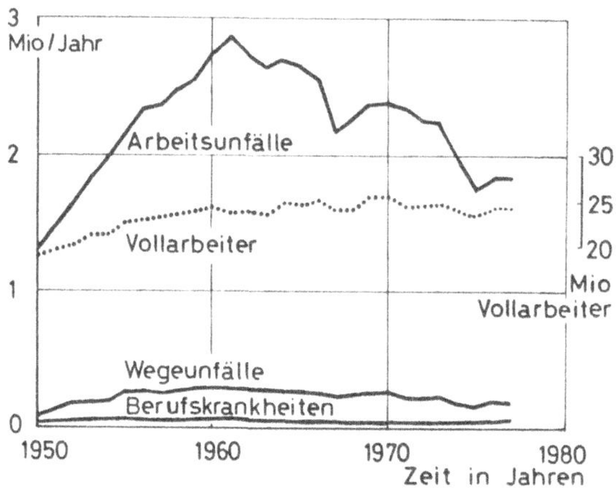

Bild 2: Anzeigepflichtige Arbeitsunfälle, Wegeunfälle und Berufskrankheiten in der Bundesrepublik Deutschland

Bild 2 zeigt die Entwicklung der nicht tödlichen anzeigepflichtigen Unfälle in der Bundesrepublik Deutschland. Danach wurden in Zeiten der Hochkonjunktur die höchsten Unfallzahlen der Arbeitsunfälle erreicht, danach sanken sie allmählich. Die Entwicklung verläuft hier also anders als bei den tödlichen Unfällen, wie langfristig gesehen aus Bild 3 besonders deutlich hervorgeht. Nach herrschender Auffassung (vgl. R. SKIBA 1979) sind die tödlichen - und ebenso die schweren Unfälle die validen (gültigen) Kriterien der Gefahr, während in die Statistik der meldepflichtigen leichten Unfälle auch soziale Einflüsse eingehen.

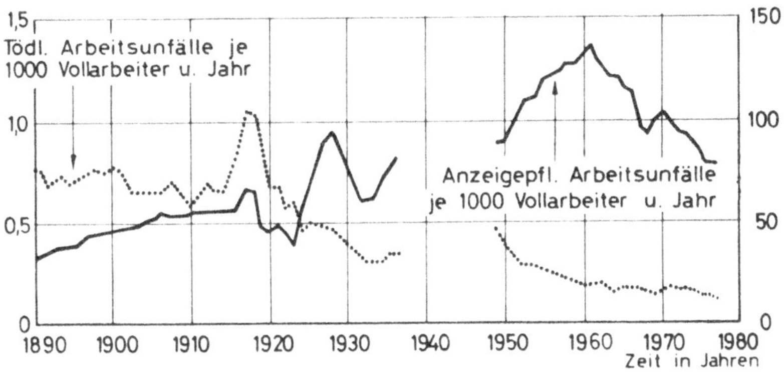

Bild 3: Anzeigepflichtige und tödliche Arbeitsunfälle in der gewerblichen Industrie der Bundesrepublik Deutschland

Insgesamt zeigt sich aus der Statistik, daß das grundgesetzlich verbriefte Recht auf körperliche Unversehrtheit keinesfalls zufriedenstellend verwirklicht ist. Daher müssen Gefahrenbeseitigung und -abwehr weiterhin ein bedeutendes Anliegen von Staat und Gesellschaft sein.

1.2 Notwendigkeit der Unfallschwerpunktsermittlung

Um Gefahren beseitigen oder deren Auswirkungen vermindern zu können, müssen wir über Qualität und Quantität dieser Gefahren Aufschluß erhalten, d.h. Gefahren ermitteln und analysieren. Dies können wir zu vier verschiedenen Zeitpunkten:

1. Im Entwicklungs- und Planungsstadium
2. Am bestehenden Arbeitssystem
3. Auf Grund von Schadensfällen
4. Auf Grund von Unfällen.

Aus der Sicht einer wirksamen Unfallverhütung ist anzustreben, das System Mensch - Arbeitsumwelt möglichst früh, d.h. im Entwicklungs- und Planungsstadium, auf Gefahren zu untersuchen. Nur hier wird am besten die Möglichkeit eröffnet, Gefahren auszuschalten, bevor sie sich zu Unfällen verwirklichen. Andererseits ist sehr schwierig, meist sogar unmöglich, alle Gefahren vorgängig zu erfassen. Dies gilt besonders für verhaltensgebundene Gefahren.

Die Unfallanalyse hat dagegen den Vorteil, daß das Unfallereignis konkret ist, sich besser in Daten fassen läßt und Anhalt über die Wahrscheinlichkeit der Auswirkungen einer Gefahr geben kann. Außerdem ist der Aufwand der Unfallanalyse im Vergleich zu anderen Analyseverfahren verhältnismäßig gering.

Für eine wirkungsvolle Unfallverhütung eröffnet die Unfallanalyse einen weiteren Vorteil: Die aus vielen Unfällen gewonnenen Daten lassen sich statistisch auswerten. Auf diese Weise können Daten für die Unfallverhütung gewonnen oder Unfallverhütungsmaßnahmen auf Wirksamkeit geprüft werden.

Für die Unfallverhütung läßt sich die Unfallstatistik u.a. dadurch nutzbar machen, indem Konzentrationen von Unfällen nach bestimmten Merkmalen festgestellt werden, z.B. nach Alter, Betriebsgruppen, Maschinen, Tätigkeiten. Durch Ermittlung solcher Konzentrationen und durch ihre nachfolgende Analyse erhalten wir die Möglichkeit, mit einer oder wenig gezielten Maßnahmen eine Unfallkonzentration zu vermeiden. Ein solches Vorgehen verspricht nicht nur den größtmöglichen wirtschaftlichen Effekt der für die Unfallverhütung eingesetzten Mittel. Damit ist auch vom humanitären Standpunkt das Bestmögliche getan, um menschliches Leid zu verhindern.

1.3 Zielsetzung und Abgrenzung

Bei der großen Zahl von sich alljährlich ereignenden Unfällen ist es zweckmäßig, diese Unfälle bestimmten Bereichen zuzuordnen, um sie in dem jeweiligen Bereich genauer untersuchen zu können. Dabei lassen sich zwischen Bedarf und Verbrauch folgende Bereiche der Produktion unterscheiden (vgl. Bild 4 aus R. SKIBA - 198o):

1. Urproduktion: Land- und Forstwirtschaft; Mineralgewinnung; Energiegewinnung.
2. Weiterverarbeitende Produktion: Fertigungstechnik; Verfahrenstechnik.
3. Hilfsleistung (nicht selbständig): Transport; Lagerung; Instandhaltung; Information; Sozialleistung, Verwaltung.
4. Dienstleistung (selbständig): Handel, Hilfsleistungsbetrieb.

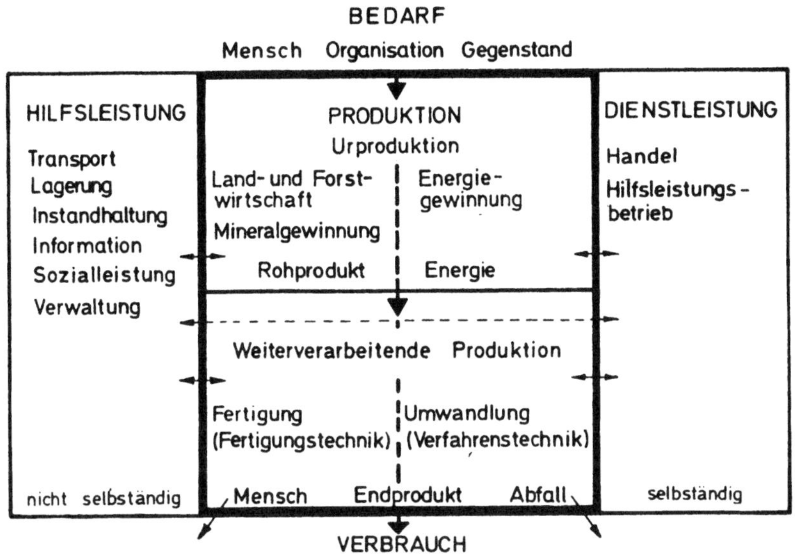

Bild 4: Bereiche Produktion, Dienst- und Hilfsleistung

Aus diesen Bereichen wird in der folgenden Untersuchung der innerbetriebliche Transport behandelt, weil nach überschlägigen Statistiken etwa ein Drittel aller Arbeitsunfälle sich hier ereignet, andererseits das Unfallgeschehen in diesem Bereich bisher nur ansatzweise ermittelt und analysiert ist. Zudem ist das Unfallgeschehen beim innerbetrieblichen Transport deswegen für die Unfallverhütung von besonderem Interesse, weil die verschiedenen Transportabläufe dem Typ nach von der Branche oft unabhängig sind, also für die Unfallverhütung gewonnene Erkenntnisse einen breiten Anwendungsbereich erwarten lassen.

Als innerbetrieblichen Transport definieren wir das Bewegen von Gütern und Menschen mit Hilfe eines Fördermittels von einem Ort zum anderen innerhalb des betrieblichen, nicht öffentlichen Wirkungsbereiches.

Diese Definition des innerbetrieblichen Transports bedarf im einzelnen noch einer genauen Abgrenzung, die wir möglichst sachdienlich insbesondere bei den Überschneidungsgrenzen zur Produktion getroffen haben. Es handelt sich hier also um bei dieser Untersuchung getroffene Vereinbarungen im Sinne eines zweckdienlichen operationalen Vorgehens:

1. Als Ausgangspunkt und Ende von Materialflußvorgängen gehört auch in weitem Sinne das Lagerwesen zum innerbetrieblichen Transport.
2. Unfälle im Bereich des öffentlichen Verkehrs wurden nicht unter innerbetrieblichen Transport gefaßt.
3. Maschinelle Bewegungsvorgänge zu Verarbeitung, z.B. Bewegung des Stößels an einer Presse, gelten nicht als Transportvorgänge. Desgleichen gilt für Manipulationen bei der Bearbeitung, z.B. das Einspannen oder Wenden eines Werkstückes. Dagegen wird auf der Grenze zwischen Verarbeitung und Transport das manuelle oder maschinelle Einlegen und Abnehmen von Werkstücken, soweit die Bewegung zur oder von der Verarbeitungsstelle hin oder weg erfolgt, noch als Transportvorgang aufgefaßt. Die Abgrenzung hat sich im Laufe der Arbeit in einigen Fällen als schwierig erwiesen, da der Übergang vom Transport zur Verarbeitung gleitend sein kann.
4. Unbelastetes "Sich-selbst-Transportieren", also normales Gehen oder Laufen ohne Zusammenhang mit dem Transportvorgang bezeichnen wir ebenfalls nicht als innerbetrieblichen Transport.
5. Unfälle bei Instandhaltungsarbeiten an Transportmitteln gelten als Transportunfälle, sofern sie unmittelbar mit dem Transportvorgang in Beziehung stehen, z.B. das Säubern von Gurtbandförderern.
6. Auf- und Abbau von Fördermitteln gelten als Transport, soweit sie unmittelbar (längstens eine Schicht) dem Transportvorgang vorausgehen oder folgen, z.B. bei Krananlagen.

Hinsichtlich weiterer in der folgenden Untersuchung benutzter Begriffe wird auf die Sammlung von Definitionen im Anhang verwiesen.

Die Untersuchung hat die Ermittlung und Analyse von Unfällen des innerbetrieblichen Transports zum Gegenstand. Die Zielsetzung der Untersuchung besteht im einzelnen besonders in folgenden Punkten:

1. Quantitative Aussagen über das Unfallgeschehen im innerbetrieblichen Transport im Bereich des Landes Nordrhein-Westfalen zu erhalten.
2. Bereiche zu kennzeichnen, in denen aus menschlichen und wirtschaftlichen Gründen die Unfallverhütungsarbeit vordringlich ist.

3. Aus den Ergebnissen Anregungen für zukünftige Unfallerfassung, praktische Unfallverhütung, Ausrichtung des Vorschriftenwesens und Durchführung zukünftiger Forschungsarbeiten abzuleiten.

2 Material

2.1 Schrifttum

2.1.1 Unfallgeschehen im innerbetrieblichen Transport

Die Durchsicht des Schrifttums ergibt, daß sich in vielen Aufsätzen qualitative Aussagen über das Unfallgeschehen in bestimmten Bereichen des innerbetrieblichen Transports befinden. Selten werden jedoch auch quantitative Angaben über das Unfallgeschehen gemacht.
Die für quantitative Aussagen über das Unfallgeschehen wesentlichen Untersuchungen sollen in folgendem kurz besprochen werden:

Einen bedeutenden Ansatz zur statistischen Aufbereitung von Transportunfällen finden wir in der jährlich vom Hauptverband der gewerblichen Berufsgenossenschaften herausgegebenen und von W. ABT (vgl. 1979) bearbeiteten Unfallstatistik. Die Statistik hat eine 10 v.H. Stichprobe zur Grundlage. Die erfaßten Merkmale und Klassen dieser Merkmale orientieren sich an der 1974 in überarbeiteter Form und Fassung eingeführten Unfallanzeige für einen Arbeitsausfall von über 3 Kalendertagen. Hier interessiert insbesondere die Aufgliederung nach dem Merkmal "unfallauslösender Gegenstand". Das ist ein "Gegenstand, dessen Vorhandensein, Orts- oder Zustandsänderung den vorgesehenen Betriebszustand oder -ablauf gestört und dadurch den Unfall ausgelöst hat" (Die Berufsgenossenschaft 1973 S. 489).

Zunächst tritt beim Klassifizieren oft die Schwierigkeit der Entscheidung auf, welcher von mehreren Gegenständen unfallauslösend ist (vgl. R. SKIBA 1979 S. 67). Abgesehen von diesem bisher von keinem statistischen System befriedigend gelösten Problem kann vielfach dem betreffenden unfallauslösenden Gegenstand nicht entnommen werden, ob es sich um einen Transportvorgang handelt oder nicht. Dies trifft beispielsweise für die stark besetzte Klasse

"Fußboden, Decke, Gehweg" zu. In vielen anderen Klassen, z.B. unter "Gestein, Erde, Kies, Sand" oder "Nahrungsmittel" verbergen sich weitere Transportunfälle, die nicht deutlich als solche zu erkennen und auch hinsichtlich ihres zahlenmäßigen Anteils kaum zu schätzen sind.
Trotzdem bringt die Statistik des Hauptverbandes der gewerblichen Berufsgenossenschaften einige wichtige Hinweise. Die Fördermittel sind nämlich besonders als unfallauslösende Gegenstände ausgewiesen. Bei der Benutzung dieser Zahlen müssen wir allerdings bedenken, daß diese nicht gleichzusetzen sind mit Unfällen, bei denen ein bestimmtes Fördermittel beteiligt ist, also z.B. Transport mit Gabelstapler. Fällt z.B. ein Gußeisenteil beim Transport mit dem Gabelstapler einem Unbeteiligten auf die Füße, so wird der Unfall unter "Gußeisen" registriert. Dies ist der Grund, warum die den einzelnen Fördermitteln zugeordneten Unfallzahlen verhältnismäßig niedrig liegen.

Für 1977 (vgl. W. ABT 1979) sind nach geschätztem Abzug von Unfällen des nicht innerbetrieblichen Transports Maxima der Unfallbesetzung besonders bei den in Tabelle 5 genannten Fördermitteln festzustellen. Allerdings muß zu den Angaben in dieser Tabelle einschränkend bemerkt werden, daß diese wegen ihres Stichprobencharakters und weiterer Fehlermöglichkeiten nicht sehr genau sind.

In einer Spezialuntersuchung befaßt sich W. ABT (1978) ausschließlich mit dem innerbetrieblichen Transport. Grundlage ist auch hier wieder die 10 v.H.-Statistik des Hauptverbandes der gewerblichen Berufsgenossenschaften. W. ABT (1978) definiert den innerbetrieblichen Transport als eine nicht im Straßenverkehr mit Körperkraft ausgeführte Transportarbeit und unterscheidet je nach Tätigkeit dabei vertikal oder horizontal zur Auswirkung kommende Kräfte. Der maschinelle Transport wird vernachlässigt.

Insgesamt ergibt sich für 1975 und 1976 nach dieser soeben genannten Definition ein Anteil der Transportunfälle von 25,5 % an den Arbeitsunfällen bei betrieblichen Tätigkeiten, die sich nicht im Straßenverkehr ereignen (vgl. Tabelle 6). Davon ereignen sich etwa 6 % beim horizontalen oder überwiegend horizontalen Transport.

2,9 %	Transportbehälter, -kübel, -flasche
1,5 %	LKW
1,0 %	Von Hand bewegtesFahrzeug
0,9 %	Stapel und Zubehör
0,6 %	Rohrleitung
0,5 %	Schienen- und Triebfahrzeuge
0,4 %	Lastketten, Lastseil usw.
0,4 %	Ladeplattform, Ladegefäß, Ladenetz
0,4 %	Band-, Gliederband-, Ketten-, Seilförderer
0,3 %	Anhänger
0,3 %	Stapelgeräte, Hubgeräte
0,2 %	Schlauch
0,2 %	Bagger
0,2 %	Zange, Klemme, Haken, Klaue
0,2 %	Lagerschrank, -regal, Umlauflagereinrichtung
0,2 %	Frachtbehälter (Container), Tank
0,1 %	Handbetriebener Flaschen-, Ketten-, Greif-, Hubzug
0,1 %	Zahnstangengewinde, Wagenheber, Plunger u.ä.
0,1 %	Traversen, Gehänge, Gabel, Geschirr
0,1 %	Rollenbahn
0,1 %	Brückenkran
0,1 %	Von Hand gefahrene motorisch bewegtes Fahrzeug
0,1 %	Lader

Tabelle 5: Prozentualer Anteil der bedeutendsten Unfallgegenstände des innerbetrieblichen Transports an allen Unfällen einschließlich Wegeunfällen (nach W. ABT 1979)

Zusätzlich zu den Angaben von W. ABT (1978) wurden die Werte für den prozentualen Anteil der Transportunfälle an den Gesamtunfällen je Branche und für die Transportunfälle je 1000 Vollarbeiter errechnet. Danach zeichnet sich folgendes ab:

Hinsichtlich des prozentualen Anteils der Transportunfälle an den Gesamtunfällen der jeweiligen Branche führen Bergbau (55,9 %), Verkehr (38,7%), Handel, Lagerei und Dienstleistung (34,6 %) und Holz- und Schnitzstoffe (33,7 %).

	Branche	Transportunfälle in % der Gesamt-T.-Unfälle	in % der Unfälle je Branche	je 1000 Vollarbeiter
1	Bergbau	4,9	55,9	81,7
2	Steine, Erden, Glas, Keramik	3,4	28,6	34,1
3	Gas und Wasser	0,3	21,7	13,2
4	Eisen und Metall	19,0	17,7	21,1
5	Feinmechanik, Elektrotechnik, Optik	6,1	30,1	11,8
6	Chemie	3,2	21,7	13,7
7	Holz und Schnitzstoffe	6,0	33,7	45,7
8	Druck und Papier	2,5	26,5	19,2
9	Leder, Textil, Bekleidung	2,1	17,5	7,8
10	Nahrungsmittel, Gaststätten, Schausteller	7,6	19,6	19,4
11	Hoch- und Tiefbau	20,7	27,2	41,5
12	Handel, Lagerei und Dienstleistung	17,8	34,6	13,1
13	Verkehr (Straße, Schiene, Luft, Wasser)	5,8	38,7	32,0
14	Gesundheitsdienst	0,6	8,6	1,8
	Gesamt	100,0	25,5	19,5

Tabelle 6: Anzeigepflichtige Arbeitsunfälle des innerbetrieblichen Transports im gewerblichen Bereich 1976 (1. Zahlenspalte nach W. ABT 1978, 2. u. 3. Zahlenspalte errechnet aus Gesamtzahl der Unfälle, Zahl der Transportunfälle und Vollarbeiter).

Dagegen ist die Wahrscheinlichkeit, einen Transportunfall zu erleiden, in folgenden Branchen am größten: Bergbau 81,7 , Holz- und Schnitzstoffe 45,7 , Hoch- und Tiefbau 41,5 und Steine und Erden 34,1 Unfälle je 1000 Vollarbeiter.

W. ABT (1978) fand in seiner Untersuchung folgende wesentliche Unfalltypen:

Im Vertikaltransport:

1.Beim Heben, Tragen, Abnehmen, Stapeln usw. von herabfallendem oder umkippenden Gegenständen getroffen oder erfaßt werden (5,1 % aller angezeigten Arbeits- und Wegeunfälle).

2.Beim Heben, Tragen, Abnehmen, Stapeln usw. beim Fortbewegen einer Last stolpern, umknicken, ausrutschen oder hinfallen (1,7 %).

3.Getroffen oder erfaßt werden bei funktionsgerechtem Bewegen des Gegenstandes (1,6 %).

4.Beim Heben, Tragen, Abnehmen und Stapeln getroffen oder erfaßt werden durch rollende, gleitende oder rutschende Gegenstände (1,4 %).

5.Beim Heben, Tragen, Ablegen, Stapeln und Sortieren sich stoßen, anstoßen bei funktionsgerechtem Bewegen des Gegenstandes (1,4 %).

Im Horizontaltransport:

6.Beim Schieben, Ziehen, Bewegen, Fest- und Zurückhalten getroffen oder erfaßt werden von funktionsgerecht bewegtem Gegenstand (1,o %).

7.Beim Schieben, Ziehen, Bewegen, Fest- und Zurückhalten getroffen oder erfaßt werden durch fallenden, kippenden oder sinkenden Gegenstand (O,8 %).

An den Unfalltypen 2, 6 und 7 sind überproportional Frauen beteiligt.

Nach einer weiteren Analyse dieser 7 Unfalltypen mit Hilfe anderer in der Unfallanzeige erfaßter Merkmale kommt W. ABT (1978) zu folgenden Ergebnissen:

Der Häufigkeit nach ereignen sich die Transportunfälle vorwiegend in folgenden Arbeitsbereichen:

1. Be- und Entladestelle des gleislosen Fahrzeugtransportes
2. Lagergebäude, -halle, Schuppen, Scheune
3. Nicht öffentlicher Weg im Freien (z.B. Werksgelände)

4. Laderaum/Ladefläche von gleislosen Fahrzeugen
5. Schlosserei
6. Maschinen-, Fahrzeug-, Schiffbau: Montagehalle
7. Eisen- u. Metallverarbeitung: Werkzeugmaschinenhalle
8. Hochbaustelle. Innenausbau
9. Stapelplatz
1o. Kundenraum, Verkaufsraum

Mit folgenden Gegenständen treten in der Hauptsache Transportunfälle ein:

1. Teile, Halbzeug, Rohprodukte aus Eisen und Stahl
2. Transportbehälter (Kübel, Fässer, Flaschen u.ä.)
3. Abfall-, Bruch-, Einzelstücke, nicht näher bezeichnet
4. Teile von Fußböden, Decken, Gehwegen
5. Teile, Halbzeug, Rohprodukte aus Holz
6. Künstlich gebundene Formsteine
7. Stapel und Zubehör
8. Teile von Stufen, Treppen, Podesten
9. Natursteine, Kies, Sand, Erdreich
1o. Von Hand zu bewegende Fahrzeuge.

Nicht unterschieden ist in dieser Aufstellung nach verursachenden, auslösenden oder die Verletzung bewirkenden Gegenständen.

W. ABT (1978) macht folgende übergeordnete Feststellung:

"Bei einer Orientierung an den Schwerpunkten, d.h. den Unfalltypen und Merkmalen mit den höchsten Zahlen, ist festzustellen, daß bei dieser rein statistischen Betrachtungsweise Transportunfälle kein vorrangiges Aufgabengebiet für Maßnahmen der maschinentechnisch orientierten Unfallverhütungsarbeit sind." Das Hauptgewicht von Verbesserungs- und Verhütungsmaßnahmen muß nach Auffassung von W. ABT (1978) auf betrieblich-organisatorischem Feld und im Bereich der Aufklärung, Ausbildung und Beeinflussung zu mehr Aufmerksamkeit, Ordnung am Arbeitsplatz und richtigem Arbeitsverhalten liegen.

Außerdem schlägt W. ABT (1978) folgende Verbesserungen in Einzelbereichen vor:

1. Das Be- und Entladen von gleislosen Fahrzeugen und das Stapeln und Lagern sind zum Zwecke der Unfallverhütung stärker zu mechanisieren oder automatisieren.

2. Dem Träger von Sicherheitsschuhen und Schutzhandschuhen muß mehr Aufmerksamkeit entgegengebracht werden.

3. Zur Verbesserung der Trittsicherheit muß besonders bei Frauen darauf geachtet werden, daß das Schuhwerk fußgerecht und trittsicher gestaltet ist und dem Fußgelenk den notwendigen Halt gibt.

Eine von C. VON STEINAECKER (1977) durchgeführte Untersuchung ergänzt die Aussagen von W. ABT (1978), weil diese den Bereich der Unfälle in Zusammenhang mit einem Transportmittel erfaßt. Entsprechend definiert C. VON STEINAECKER in seiner Untersuchung den Transportunfall eng als Unfall im Zusammenhang mit einem Transportmittel. Gemeint sind mechanische Transportmittel; der Mensch als Fördermittel wurde nicht berücksichtigt. Als Material der Untersuchung liegen 6474 durch Fragebogen untersuchte Unfälle zugrunde, die bei der Maschinenbau- und Kleineisenindustrie BG aus 23 Branchen 1975 eingingen. Hiervon sind 492 Unfälle (= 7,6 % des gesamten Unfallgeschehens einschließlich der Wegeunfälle, die etwa 8,3 % ausmachen) im Sinne obiger Definition ausgewertet. Das Datenmaterial stammt aus 185 Betrieben mit 75.922 Beschäftigten.

Die wichtigsten Ergebnisse sind folgende:

1. Der Anteil der Transportunfälle am Gesamtunfallgeschehen einer Branche ist von Branche zu Branche sehr unterschiedlich.

2. Von Transportunfällen sind zu über 99 % Männer betroffen. C. VON STEINAECKER folgert daraus, daß offensichtlich gefährliche Arbeiten fast ausschließlich von Männern durchgeführt werden.

3. Etwa 1/3 aller Transportunfälle ereignet sich beim Lasttransport, 1/3 beim Lastaufnehmen oder -absetzen und 1/3 beim Verbinden oder Lösen der Last vom Transportmittel.

4. Mit zunehmender Abmessung und mit zunehmendem Gewicht der Last steigt die Anzahl der Unfälle.

5. Zu 50 % war 1 Person, zu 40 % waren 2 Personen und zu 10 % 3 Personen am Transportvorgang, der zu einem Unfall führte, beteiligt.

6. 60 % der Unfälle ereigneten sich beim Krantransport, 20 % im Zusammenhang mit handbetriebenen Transportmitteln, 17 % im Zusammenhang mit Flurförderzeugen, vorwiegend mit Gabelstaplern.

7. Die Bewegung des unfallauslösenden Gegenstandes war in 53 % aller Fälle nicht funktionsgerecht.

8. Unter den verletzten Körperteilen sind die Füße häufiger verletzt als im Schnitt aller Unfälle der gewerblichen Wirtschaft.

9. Für Unfälle beim Krantransport ergibt sich speziell:
   Hinsichtlich der Tätigkeit zum Zeitpunkt des Unfalls:
   21 % beim Befestigen des Anschlagsmittels an der Last,
   20 % beim Überwachen des Transportvorganges,
   17 % beim Führen der Last bei Lastablage,
   11 % Korrigieren bei Lastaufnahme.

   In 61 % der Fälle war die Bewegung des verletzungsbewirkenden Gegenstandes nicht funktionsgerecht. In 48 % der Fälle wog die Last mehr als 50 kg.
   Verletzungsbewirkend war beim Kran in 57 % der Fälle die Last und in 28 % der Fälle das Anschlagmittel.
   Verletzte Körperteile waren zu 50 % die Hände, zu 19 % die Füße.
   C. VON STEINAECKER (1977) begründet mit diesen Angaben seine Auffassung, daß der Anschläger beim Krantransport weitgehend überfordert ist.

10. Für Unfälle im Zusammenhang mit Gabelstaplern ergibt sich:
   Hinsichtlich der Tätigkeit zum Zeitpunkt des Unfalls:
   31 % beim Durchführen des eigentlichen Transports
   26 % beim Überwachen des Transportvorganges.
   In 25 % der Fälle war die Bewegung des verletzungsbewirkenden Gegenstandes nicht funktionsgerecht.
   Verletzungsbewirkend waren beim Gabelstapler in 53 % der Fälle das Transportgerät und in 32 % die Last.
   Verletzte Körperteile waren zu 52 % die Füße und zu 1 % die Hände.

Über tödliche Transportunfälle gibt eine Untersuchung von R. SKIBA (1979) Aufschluß. Bild 7 gibt eine Übersicht über die Unfalltypen aller Unfälle des Jahres 1973 in der gewerblichen Industrie der Bundesrepublik Deutschland. Da diese Grafik nicht geeignet ist, die Transportunfälle eindeutig auszuweisen, wurden aus den Unterlagen des Forschungsberichtes die Transportunfälle unter Berücksichtigung der Typengliederung erneut zusammengestellt.

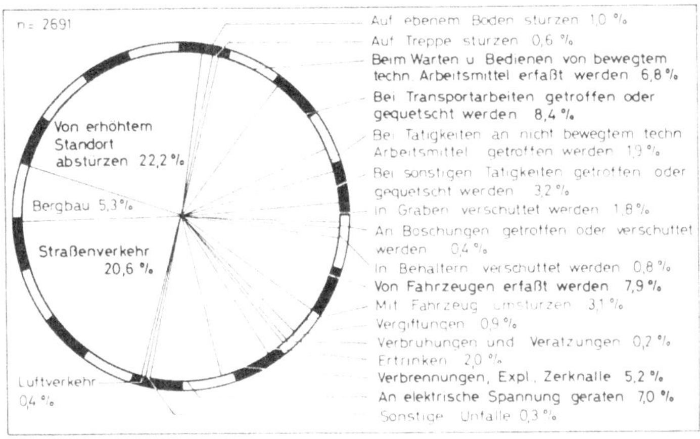

Bild 7: Tödliche Arbeitsunfälle in der gewerblichen Industrie der Bundesrepublik Deutschland 1973, gegliedert nach Unfalltypen

Bild 8 zeigt, daß 33,9 % aller tödlichen Unfälle Transportunfälle sind. An der Spitze des Unfallgeschehens stehen die Unfalltypen:

1. Von erhöhtem Standort beim Transport abstürzen (8,5 %),
2. Von Fahrzeug erfaßt werden (7,9 %),
3. Von Transportgut getroffen oder gequescht werden (5,o%).

HENTER, A. (1977) kommt in einer Studie über die tödlichen Unfälle des Jahres 1976 zu ähnlichen Ergebnissen. Nach Untersuchungen an 646 (= 43,6 %) tödlichen Unfällen (Arbeitsunfälle im gewerblichen Bereich ohne Bergbau und ohne Arbeitsunfälle, die sich im öffentlichen Verkehr ereignet haben) ergibt sich ein Anteil der bei Trans portarbeiten sich ereignenden tödlichen Unfälle von 34,5 %. Leider enthält die Arbeit keine Definition dessen, was hier unter Transportarbeit zu verstehen ist, doch scheint hier Transportarbeit als manuelles oder maschinelles Bewegen von Transportgut von einem Ort zum anderen zu gelten.

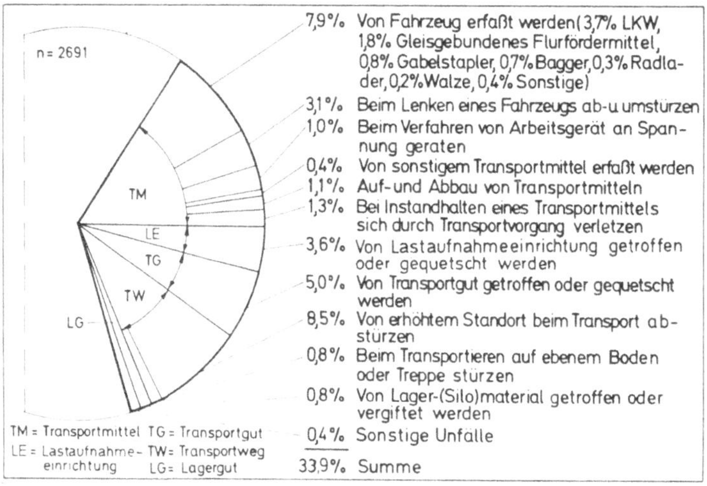

Bild 8: Unfalltypen tödlicher Arbeitsunfälle beim innerbetrieblichen Transport im gewerblichen Bereich 1973 (nach Unterlagen der BAU)

Diese Transportunfälle teilen sich auf:

8,4 % Absturz, davon
- 0,6 % vom Gerüst
- 0,9 % von der Leiter
- 0,3 % vom begehbaren Dach
- 0,9 % vom nicht begehbaren Dach
- 0,8 % vom Bau
- 1,5 % vom Transportmittel
- 2,4 % vom Montageplatz
- 1,0 % von sonstigem erhöhten Standpunkt

8,8 % getroffen werden
5,1 % erfaßt werden
1o,3 % gequetscht werden
0,6 % verbrannt werden
0,8 % mit elektrischem Strom in Berührung kommen
0,5 % Sonstiges

Eine Aufteilung der tödlichen Transportunfälle im Zusammenhang mit einem technischen Arbeitsmittel ergab für 233 Unfälle, bei denen eindeutige Aussagen hierüber vorlagen, folgende Prozentzahlen (233 Unfälle = 100 %)

16,7 % Krananlagen, Anschlagmittel
13,3 % Gabelstapler
6,0 % Bagger
5,6 % Erdbaugeräte (außer Bagger)
4,7 % Stetigförderer
3,9 % Sonstige Flurförderzeuge
3,0 % Lager- und Transportbehälter
46,8 % übrige Transportunfälle

Aus einer Anzahl weiterer Veröffentlichungen sind statistische Angaben über Unfälle in bestimmten Bereichen des innerbetrieblichen Transports zu entnehmen, z.B. über Gabelstapler (X. BONEFELD 1975, X. BONEFELD und M. MACHELEIDT 1976), und Stetigförderer (W. DICKE 1975). Es handelt sich bei diesem und weiterem Schrifttum stets nur um Einzelangaben zu eng begrenzten Fragestellungen.

Bei kritischer Durchsicht der besprochenen und weiterer Unfälle des innerbetrieblichen Transports fällt folgendes auf:

1. Der Begriff des innerbetrieblichen Transports wird sehr unterschiedlich gebraucht. Häufig wird nur die menschliche Transporttätigkeit oder aber nur der Unfall im Zusammenhang mit einem technischen Fördermittel betrachtet. Beides ist zu eng, da der mechanisierte oder automatisierte Fördervorgang lediglich im Technisierungsgrad graduell vom menschlich-physischen Fördervorgang unterschieden ist.

2. Eine repräsentative Unfallerfassung nach dem Merkmal "am Fördervorgang beteiligtes Fördermittel", insbesondere dabei die Berücksichtigung des Transportmittels Mensch, konnte übergreifend nicht gefunden werden.

3. Die verschiedenen Untersuchungen lassen in der Zusammenschau jedoch deutlich erkennen, daß sich Unfälle bei Fördervorgängen mit den Fördermitteln Mensch, Kran und Gabelstapler besonders konzentrieren.

2.1.2 Methoden der statistischen Unfallschwerpunktsermittlung

Entsprechend der Zielsetzung dieser Untersuchung sind die Bereiche zu kennzeichnen, in denen aus menschlichen und wirtschaftlichen Gründen die Unfallverhütung vordringlich ist. Dies setzt voraus, daß zunächst die Unfallschwerpunkte festgelegt werden.

Für die Erfassung von Unfallschwerpunkten bieten sich verschiedene Methoden an (vgl. R. SKIBA 1971 und 1979 S. 75 ff.).

Unfallschwerpunkte können sowohl nach einem Merkmal wie auch unter Anwendung von Merkmalszuordnungen ermittelt werden.

Für die Erfassung von Unfallschwerpunkten nach einem Merkmal bieten sich besonders die Merkmale Unfallgegenstand, Tätigkeit zum Zeitpunkt des Unfalls, Arbeitsplatz und Arbeitsablauf an. Die Unfallschwerpunktsermittlung nach Arbeitsplätzen oder Arbeitsablauf macht sich die Tatsache zunutze, daß sich überdurchschnittlich viele Unfälle an nur wenigen Arbeitsplätzen oder bei nur wenigen Arbeitsabläufen ereignen. Es gibt also Arbeitsorte oder Arbeitsabläufe, auf die sich das Unfallgeschehen konzentriert, an denen also Unfallverhütung besonders dringlich ist. In diesem Sinne sind Unfallschwerpunkte Konzentrationen von Unfällen der Häufigkeit und Schwere nach an bestimmten Arbeitsplätzen oder bei bestimmten Arbeitsabläufen.

Bei der Erfassung von Unfallschwerpunkten nach mehreren Merkmalen werden Unfallschwerpunkte dadurch ermittelt, indem Konzentration von Unfällen, die nach Hergang und Folgen gleichartig sind, festgestellt werden. Gesucht werden also Konzentrationen der Unfälle nach Unfalltypen.

Dies geschieht, indem zur Charakterisierung eines bestimmten Unfalltyps Merkmale miteinander in Beziehung gesetzt werden.

Ein in der Praxis sehr bewährtes Verfahren besteht darin, eindimensionale Merkmalskombinationen für die Statistik heranzuziehen. Dabei müssen die Merkmalskombinationen Unfalltypen kennzeichnen.

Die am stärksten mit Unfällen besetzte Klasse einer Merkmalskombination ist der Unfallschwerpunkt. Die erforderlichen den Unfalltyp kennzeichnenden Merkmalkombinationen oder Unfalltypen erhalten wir, indem die Unterlagen über betriebliche Unfälle durchgesehen werden und der Unfalltyp in Kurzform beschrieben wird. Einen erkannten Unfalltyp nehmen wir in unsere Statistik als eine Klasse auf, z.B. sich schneiden beim Handtransport eines Bleches.

Das beschriebene Verfahren zur Schwerpunktsermittlung ist einfach, übersichtlich und auf die praktischen Bedürfnisse besonders von Betrieben, die an schnellen Ergebnissen interessiert sind, zugeschnitten. Die Anwendung setzt jedoch etwas Erfahrung in der Beschreibung der Unfalltypen voraus. Außerdem können bei der Klassifizierung Zuordnungsschwierigkeiten auftreten.

Gegenstände

Vorgang	0 Tätigkeiten 0	1	2	3	4	5	6	7
0								
1					1			
2								
3	1							
4				1	5			
5								
6			2					
7		1			2			
8								
9								

Vorgang	1 Tätigkeiten 0	1	2	3	4	5	6	7
0								
1								
2					1			
3						15		
4								
5					3			
6								
7		1						
8	1				14			
9								

Vorgang	2 Tätigkeiten 0	1	2	3	4	5	6	7
0					1			
1								
2					9			
3								
4								
5				5		**77**		
6				3				
7								
8		1						
9					6			

Vorgang	3 Tätigkeiten 0	1	2	3	4	5	6	7
0								
1					4			
2								
3				5	1			
4						2		
5			15				11	
6						3		
7					3			
8								
9		2						

Vorgang	4 Tätigkeiten 0	1	2	3	4	5	6	7
0					3			
1					5			
2								
3	1				3			
4			3		1			
5					4			
6					**93**		1	
7					1			
8					2			
9					6			

Bild 9: Netztabelle zum Erfassen von Unfalltypen mit Hilfe von 3 Merkmalen (verändert nach K. JANSEN u. U. GWISSNER, BAU Bericht F 25 1972)

Sollen die Unfalltypen systematisch und wissenschaftlich exakt erfaßt werden, müssen von jedem Unfall die aussagefähigsten Merkmale des Unfallhergangs getrennt erfaßt und miteinander in Beziehung gebracht werden. Üblicherweise sind dies die Merkmale Unfallgegenstand, Tätigkeit zum Zeitpunkt des Unfalls und Unfallvorgang (vgl. Bild 9). Bei diesen Zuordnungen gelten als Unfallschwerpunkte Konzentrationen von Unfällen, die nach den genannten Merkmalen gleichartig sind, also in einem Rasterkästchen eine hohe Besetzung haben.

Zu beachten ist, daß die beschriebenen Verfahren zur Unfallschwerpunktsermittlung lediglich dazu geeignet sind, gleichartige Hergangssachverhalte offenzulegen. Eine genaue Analyse, wie diese Hergangssachverhalte entstanden sind, also eine Ursachenanalyse, muß folgen, bevor Maßnahmen geplant, miteinander verglichen und davon einige schließlich durchgeführt werden. Zuweilen drängen sich jedoch schon durch Beschreibung des Unfalltyps wirkungsvolle Maßnahmen auf, so daß eine eingehende Analyse manchmal entfallen kann.

Aus dem Angebot dieser Möglichkeiten zur Unfallschwerpunktsermittlung muß nun für den vorliegenden Untersuchungszweck ein geeignetes Verfahren ausgewählt werden.

Wir entschieden uns für die Ermittlung von Unfallschwerpunkten mit Hilfe von eindimensionalen Merkmalskombinationen, also durch Beschreibung des Unfalltyps. Die Unfalltypen werden den jeweiligen Fördermitteln zugeordnet. Damit gelangt gleichzeitig eine Charakterisierung der mit einem bestimmten Fördermittel verbundenen Arbeitsabläufe unter dem Gesichtspunkt des Unfallgeschehens. Hier liegt ein besonderer Vorteil des von uns angewandten Verfahrens. Weitere Vorteile sind die gute Aussagefähigkeit der Statistik durch sofortige Nennung der Unfalltypen. Außerdem kann das Klassensystem nach diesem Merkmal bis zum letzten klassifizierten Unfall ergänzt, also zu jedem Zeitpunkt der Erhebung dem Bedarf angepaßt werden. Gleichzeitig wurden alle wesentlichen Merkmale des Unfalls getrennt mit aufgenommen, um einerseits die Möglichkeit zu einer mehrdimensionalen exakten Unfalltypenfeststellung offen zu lassen, andererseits die festgestellten eindimensionalen Unfalltypen statistisch weiter analysieren zu können.

Abweichend von allen bisherigen Untersuchungen wurde der Unfallgegenstand in drei verschiedenen Bedeutungen getrennt aufgenommen, und zwar als

1. Verletzungsbewirkender Gegenstand
2. Unfallauslösender Gegenstand
3. Sonstige aus Unfallgeschehen beteiligte Gegenstände.

Auf diese Weise ließen sich Informationsverluste verringern.

2.2 Datenträger

Die für die Untersuchung notwendigen Daten können durch eigene Unfalluntersuchungen erhoben werden. Vorteilhaft ist dabei, daß die Untersuchungen auch auf spezielle Fragen eine Antwort geben könnten. Dieser Weg schied jedoch aus Gründen des zeitlichen und finanziellen Aufwandes aus.

Daher mußte in der Untersuchung auf bereits vorhandene Datenträger zurückgegriffen werden. Hierfür boten sich an:

1. Verbandsbucheintragungen,
2. Unterlagen über innerbetriebliche Unfalluntersuchungen,
3. Unfallanzeigen bei Gewerbeaufsicht und Berufsgenossenschaft nach § 1552 RVO.

Die Benutzung der Verbandbucheintragungen entfiel, weil Betriebe mit 50 oder weniger Beschäftigen nicht zur Führung eines Verbandbuches verpflichtet sind. Außerdem ist bekannt, daß in vielen Betrieben Verbandbücher nicht ordnungsgemäß geführt werden.

Die Benutzung von Unterlagen über innerbetriebliche Unfalluntersuchungen war unzweckmäßig, weil solche Unterlagen nur in großen Betrieben vorhanden sind. Eine sich auf derartige Unterlagen stützende Statistik wäre einseitig gewesen.

Es blieb also nur noch die Verwendung der Unfallanzeigen nach § 1552 RVO, also über tödliche Unfälle und solche, die außer dem Unfalltag mehr als 3 Kalendertage Arbeitsausfall zur Folge haben. Diese Unfallanzeige (vgl. Bild 1o) enthält, sofern sie ordnungsgemäß ausgefüllt ist, außer den üblichen Firmen, Versicherungs- und Personaldaten die Schilderung des Unfallherganges sowie Angaben über Unfallstelle, am Unfall beteiligte Maschine, technische Schutzvorrichtung oder Maßnahme, Benutzung persönlicher Schutzausrüstung und Angaben über Maßnahmen, die getroffen wurden, um ähnliche Unfälle in Zukunft zu verhüten.

Dieser Datenträger wurde für die Untersuchung benutzt.

Absender (Stempel)

UNFALLANZEIGE

① Mitgliedsnummer

② Gewerbeaufsichtsamt/Bergamt

③ Betriebsnummer des Arbeitsamtes

Eingangsstempel

Unfallart

Meldejahr

Vers.-Träger

Gefahrtarif

Unfallnummer

4 Anschriftenfeld für den Empfänger der Unfallanzeige

An die
Maschinenbau u. Kleineisenindustrie Berufsgenossenschaft
Bezirksverwaltung
Postfach

4600 Dortmund 30

Die mit ◯ gekennzeichneten Fragen sind im Vorblatt erläutert

Angaben zum Verletzten

5 Name, Vorname

⑥ Versicherungsnummer oder Geburtsdatum (Tag, Monat, Jahr)

7 Postleitzahl, Ort — Straße

8 Familienstand: ☐ ledig ☒ verheiratet ☐ verwitwet ☐ geschieden

9 Geschlecht: ☒ männlich ☐ weiblich

10 Staatsangehörigkeit: deutsch

zu 9 — zu 10

11 Zahl d. Kinder unter 18 Jahren / zwischen 18 und 25 Jahren, soweit in Schul- od. Berufsausbildg.: zwei

12 Als was ist der Verletzte regelmäßig eingesetzt? Hilfsarbeiter Abtlg. Verpackung

⑬ Seit wann bei dieser Tätigkeit? Monat 09, Jahr 67

⑭ In welchem Teil des Unternehmens ist der Verletzte ständig tätig? Abtlg. Verpackung

15 Ist der Verletzte Leiharbeitnehmer? ☒ nein ☐ ja

zu 12

16 Ist der Verletzte minderjährig, entmündigt oder steht er unter Pflegschaft? Ggf. Name und Anschrift des gesetzlichen Vertreters: ☒ nein

17 Ist der Verletzte Unternehmer, Mitunternehmer, Ehegatte des Unternehmers oder mit diesem verwandt? ☒ nein ☐ Unternehmer ☐ Mitunternehmer ☐ Ehegatte ☐ verwandt — Art der Verwandtschaft

⑱ Krankenkasse des Verletzten (Name, Ort): AOK. Dortmund

19 Anspruch auf Arbeitsentgelt besteht bis: Tag 04, Monat 01

20 Hat der Verletzte die Arbeit wieder aufgenommen? ☐ nein ☐ ja am (Tag, Monat)

Angaben zur Verletzung

㉑ Verletzte Körperteile: 2. Zehe linker Fuß

㉒ Art der Verletzung: Quetschung

zu 21 — zu 22

23 Welcher Arzt hat den Verletzten nach dem Unfall **zuerst** versorgt? (Name, Anschrift): Krankenhaus Bethanien, Do.-Hörde

24 Ist der Verletzte tot? ☒ nein ☐ ja

zu 24

25 Welcher Arzt behandelt den Verletzten **zur Zeit**? (Name, Anschrift): Dr. Knust, Do.-Kirchlinde, Ipsloh 8-10

26 Falls sich der Verletzte im Krankenhaus befindet, Anschrift des Krankenhauses:

㉗ Unfallzeitpunkt: Tag 23, Monat 11, Jahr 77, Stunde 08, Minute 15

Angaben zum Unfall

28 Hat der Verletzte die Arbeit eingestellt? ☒ nein ☐ sofort ☐ später, am (Tag, Monat)

29 Beginn der Arbeitszeit des Verletzten: Stunde 07, Minute 00

30 Ende der Arbeitszeit des Verletzten: Stunde 15, Minute 45

zu 29

㉛ Unfallstelle (genaue Orts- u. Straßenangabe, auch bei Wegeunfällen): Abtlg. Pumpenverpackung

32 An welcher Maschine ereignete sich der Unfall? (auch Hersteller, Typ, Baujahr)

㉝ Welche technische Schutzvorrichtung oder Maßnahme war getroffen? /

㉞ Welche persönliche Schutzausrüstung hat der Verletzte benutzt?

zu 33 — zu 34

35 Welche Maßnahmen wurden getroffen, um ähnliche Unfälle in Zukunft zu verhüten? /

36 Wer hat von dem Unfall zuerst Kenntnis genommen? (Name, Anschrift des Zeugen) / Helmut Lüdke, Do-Aplerbeck, Gregorstr. 12

War diese Person Augenzeuge? ☒ nein ☐ ja

㊲ Ausführliche Schilderung des Unfallherganges (bei Verkehrsunfällen auch Angabe der aufnehmenden Polizeidienststelle):

Nachdem der Verletzte eine Zwischenlage (Spanplatte) aus einer Palette genommen hatte, fiel ihm diese aus der Hand und traf mit der Spitze den 2. Zeh links.

Arbeitsbereich

unfallauslösender Gegenstand

Bewegung des Gegenstandes

Tätigkeit d. Verletzten

Bewegung des Verletzten

38 Datum — 39 — ㊵ Betriebsrat (Personalrat) — 41 Sicherheitsbeauftragter

2.3 Durchführung der Untersuchung

Zu Beginn der Untersuchung mußte zunächst entschieden werden, ob es günstiger ist, die bei den Berufsgenossenschaften oder den Gewerbeaufsichtsämtern eingehenden Unfallanzeigen als Datenträger zu benutzen.

Bei Benutzung der bei den Berufsgenossenschaften eingehenden Unfallanzeigen ist von Vorteil, daß das Material vollständig ist, weil ohne die Anzeige die Bezahlung ärztlicher Leistungen nicht möglich ist. Nachteilig ist, daß für ein repräsentatives Bild des Unfallgeschehens eine Auswahl von Unfällen bei der jeweiligen für Nordrhein-Westfalen zuständigen Berufsgenossenschaften von insgesamt 35 der für die Bundesrepublik zuständigen Berufsgenossenschaften erfolgen müßte. Der organisatorische Aufwand hierfür wäre unverhältnismäßig hoch.

Bei Benutzung der bei den Gewerbeaufsichtsämtern eingehenden Unfallanzeigen ist von Vorteil, daß auf jedem Gewerbeaufsichtsamt eine breite Branchenstreuung vorliegt, die für einen repräsentativen Schnitt erforderlich ist. Andererseits ist bekannt (vgl. J. DREYHAUPT 1975), daß nur etwa 40 % aller meldepflichtigen Unfälle bei der Gewerbeaufsicht eingeht. Da die Verluste besonders aus Kleinbetrieben stammen, sind wahrscheinlich Großbetriebe im Datenmaterial der Gewerbeaufsicht überrepräsentiert.

Trotz dieses Nachteils entschieden wir uns dafür, die bei den Gewerbeaufsichtsämtern eingehenden Unfallanzeigen als Datengrundlage zu benutzen, weil an die Repräsentanz der Aussagen für das Land Nordrhein-Westfalen keine besonderen Anforderungen gestellt wurden, sondern es in erster Linie Ziel der Arbeit war, die Gesamtstruktur des Unfallgeschehens beim innerbetrieblichen Transport offenzulegen, und weil nur auf diesem Wege sich der organisatorische Aufwand für die Untersuchung in Grenzen hielt.

Die Auswahl der Gewerbeaufsichtsämter erfolgte nach dem Gesichtspunkt eines möglichst repräsentativen Schnittes für Nordrhein-Westfalen. Wir wählten die Gewerbeaufsichtsämter Wuppertal, Dortmund und Soest aus (vgl. Anlage 2).

Das Gewerbeaufsichtsamt Wuppertal hat eine breite Industriestruktur in der besonders die feinmechanische und textilverarbeitende Industrie, aber auch die Stahlverarbeitung und chemische Industrie hervortreten.

Das Gewerbeaufsichtsamt Dortmund, in dessen Aufsichtsbezirk über o,5 Millionen Beschäftigte arbeiten, ist für die im Lande Nordrhein-Westfalen besonders stark ausgeprägte Stahl und Eisen erzeugende und verarbeitende Großindustrie typisch. Daneben ist die Branche Nahrung und Gaststätten stark vertreten.

Das Gewerbeaufsichtsamt Soest hat eine ebenfalls von Eisen und Stahl verarbeitender Industrie geprägte Struktur. Hier sind auch Hoch- und Tiefbau, Handel und Dienstleistung sowie Holzverarbeitung stark vertreten.

Nach den Erfahrungen einschlägiger Forschungsinstitute (vgl. P. NEURATH 1966 S. 194) genügen für ein hinreichend genaues Ergebnis zur Ermittlung von Unfallkonzentrationen etwa 3ooo Unfallanzeigen. Unter Abwägung des Aufwandes und der benötigten Genauigkeit des Ergebnisses entschieden wir uns, auf jedem Gewerbeaufsichtsamt etwa 1500 Unfallanzeigen zu klassifizieren. Mit Rücksicht auf die branchenbreite Gewerbestruktur klassifizierten wir in Wuppertal etwa 2000 Unfallanzeigen; in Soest wurden zusätzlich alle vom Gewerbeaufsichtsamt untersuchten Unfälle des innerbetrieblichen Transports nach Unfalltypen klassifiziert, an der Zahl 264, um einen Vergleich zwischen vom Gewerbeaufsichtsamt untersuchten Unfällen und tatsächlichem Unfallgeschehen zu ermöglichen. Insgesamt wurden 5.313 Unfallanzeigen klassifiziert (vgl. Anlage 2).

Für die Auswertung standen uns insgesamt etwa 36.ooo Unfallanzeigen zur Verfügung. Hiervon betrug der Anteil an Unfällen des innerbetrieblichen Transports an allen 3 Gewerbeaufsichtsämtern, wie durch repräsentative Stichprobe festgestellt wurde, etwa ein Drittel, also etwa 12.ooo Unfallanzeigen. Auf jedem Gewerbeaufsichtsamt wählten wir nach repräsentativen Gesichtspunkten die vorher festgelegte oben genannte Zahl von Unfallanzeigen aus.

Hinsichtlich sonstiger Daten über Zahl der Beschäftigten, Zahl der eingegangenen Unfallanzeigen und Zahl der untersuchten Transportunfälle auf den Gewerbeaufsichtsämtern Wuppertal, Dortmund und Soest gibt Anlage 2 Aufschluß.

Außerdem wurde versucht festzustellen, wie groß der Anteil der bei der Gewerbeaufsicht eingehenden Unfallanzeigen an den bei den Berufsgenossenschaften eingehenden Unfallanzeigen ist. Legt man für die tatsächlichen Verhältnisse den Schnitt in der Bundesrepublik Deutschland mit 76 Unfallanzeigen/1000 Beschäftigte zugrunde, so ergibt sich, daß den Gewerbeaufsichtsämtern etwa 5o % der Unfallanzeigen zugehen. In Wirklichkeit dürfte der Prozentsatz jedoch bei 4o - 45 % liegen, da der o.g. Schnitt auf den 3 Gewerbeaufsichtsämtern wegen des hohen Anteils der Eisen und Stahl erzeugenden und verarbeitenden Industrie um 9o Unfallanzeigen/1ooo Beschäftigte liegen dürfte. Das Ergebnis dieser Erhebung bestätigt somit die o.g. Angaben von J. DREYHAUPT (1975).

Die Klassifizierung der Unfälle erfolgte nach folgenden Merkmalen:

1. Laufende Nummer
2. Nationalität
3. Geschlecht
4. Geburtsjahr
5. Tätigkeit im Betrieb
6. Branche
7. Gewerbeaufsichtsamt
8. Unfalldatum
9. Wochentag des Unfalls
1o. Tageszeit
11. Zeit seit Arbeitsbeginn
12. Verletzter Körperteil
13. Zumutbare persönliche Schutzausrüstung
14. Verletzungsart
15. Unfallvorgang
16. Tätigkeit zum Zeitpunkt des Unfalls
17. Verletzungsbewirkender Gegenstand
18. Unfallauslösender Gegenstand
19. Sonstiger beteiligter Gegenstand

20. Beladezustand des Transportmittels
21. Transportenergie
22. Unfalltyp
23. Unfallursache

Die Klassifizierung erfolgte durch mehrere Personen, die sich einübten und durch Vergleichsklassifikationen ein hohes Maß an Übereinstimmung (Abweichungen unter 5 %) erreichten. Lediglich bei der Klassifizierung der Unfallursache waren wegen subjektiver Auffassungen und mangelnder Präzision in der Aussage der Unfallanzeige die Abweichungen zeitweilig größer.

Die Daten wurden in Listen aufgenommen, auf Lochkarte übertragen und mit Hilfe der EDV-Anlage der Hochschule ausgewertet.

3 Ergebnisse

3.1 Aussagen nach einzelnen Merkmalen

3.1.1 Nationalität

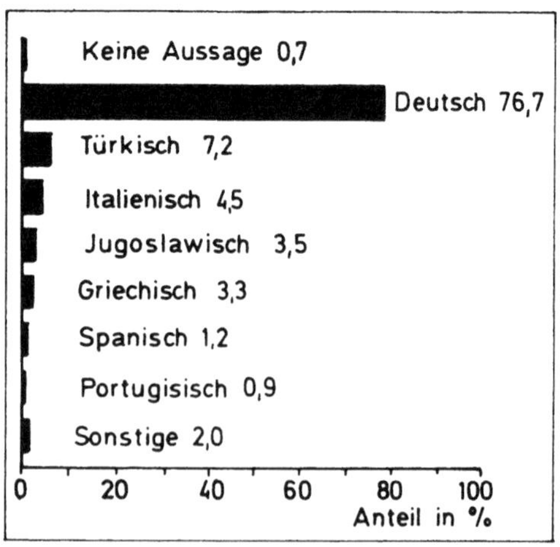

Bild 11: Unfälle nach Nationalität

Wie aus Bild 11 hervorgeht, betrug der Anteil der Deutschen an der Gesamtzahl der Unfälle gut drei Viertel, entsprechend der Anteil der Ausländer knapp ein Viertel. Das Gewerbeaufsichtsamt Wuppertal hatte mit 30 % Ausländerunfällen den größten Anteil. Mit 7,2 % stellen die Türken den größten Teil der Ausländer, es folgen Italiener (4,5 %), Jugoslawen (3,5 %) und Griechen (3,3 %).

3.1.2 Geschlecht

Etwa 92 % aller Verunglückten waren männlich, doch schwankte der Anteil je nach industrieller Branchenstruktur erheblich. Während auf dem Gewerbeaufsichtsamt Dortmund mit vorwiegend Schwerindustrie der Anteil von weiblichen Verunglückten nur 6 % betrug, war in Wuppertal mit viel Textilindustrie der Anteil 12 %.

Gewerbe-aufsichtsamt	Weibliche Beschäftigte in % aller Beschäftigter	Weibliche Verunglückte in % aller Verunglückter	Unfallrisiko Männlich: Weiblich
Dortmund	27,6	6,0	1:0,17
Soest	35,3	5,7	1:0,11
Wuppertal	37,5	12,2	1:0,24
Schnitt	31,2	8,3	1:0,20

Tabelle 12: Unfallrisiko weiblicher Beschäftigter

Tabelle 12 gibt Aufschluß über das Unfallrisiko von weiblichen und männlichen Beschäftigten. Danach haben weibliche Beschäftigte im Schnitt nur ein Fünftel des Unfallrisikos (1:0,2) der Männer. Dieses Ergebnis deutet darauf hin, daß das Risiko weiblicher Beschäftigter in den Gewerbeaufsichtsbezirken Dortmund, Soest und Wuppertal geringer als im Schnitt der Bundesrepublik Deutschland (1:0,3-0,7)ist. Aus der Tabelle geht auch hervor, daß die Frauenarbeit im Bereich des Gewerbeaufsichtsamtes Wuppertal gefährlicher ist als in den beiden übrigen Gewerbeaufsichtsamtsbezirken. Den Unfallanzeigen nach liegt das vor allem daran, daß im Aufsichtsbezirk Wuppertal in stärkerem Maße Frauen sonst für Männer typische und damit gefährlichere industrielle Tätigkeiten übernehmen. Dies scheint besonders für die Textilindustrie zu gelten.

3.1.3 Geburtsjahr

Bild 13 zeigt die Zuordnung der beschäftigten Arbeiter in der Bundesrepublik Deutschland nach Altersstufen in Prozent und die Unfallhäufigkeit der Stichprobe nach Altersstufen in Prozent. Dabei zeigt sich im Verlauf beider Kurven im wesentlichen Übereinstimmung.

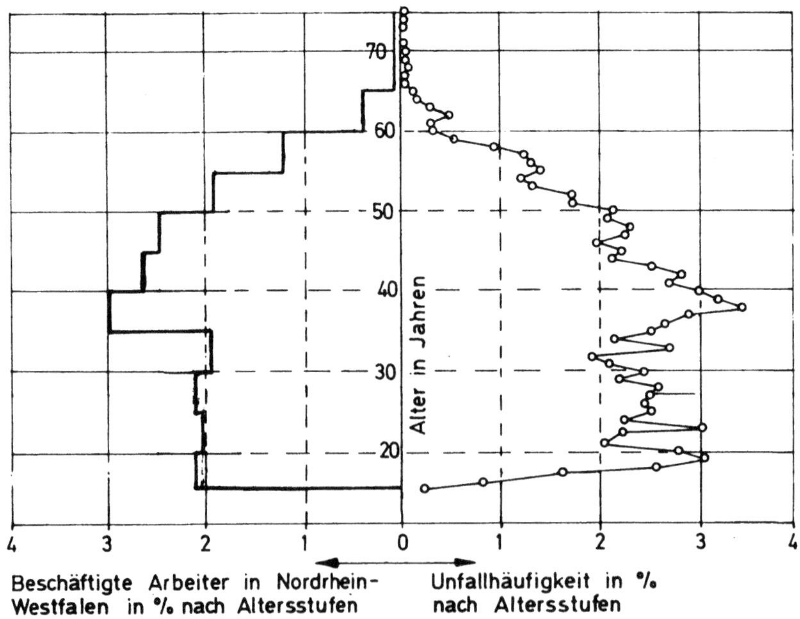

Bild 13: Beschäftigte und Unfallhäufigkeit nach Altersstufen (Angaben über die Zahl der Beschäftigten nach Mitteilung des Statistischen Bundesamtes)

Altersstufe	Beschäftigte in %	Unfälle in %
bis 2o	1o,3	8,4
2o - 3o	2o,6	25,o
3o - 4o	24,6	26,4
4o - 5o	26,6	24,4
5o - 6o	15,3	13,7
6o und mehr	2,6	2,1

Tabelle 14: Beschäftigte Arbeiter in Nordrhein-Westfalen 1977 und Unfallhäufigkeit nach Altersstufengruppen (Angaben über die Zahl der Beschäftigten nach Mitteilung des Statistischen Bundesamtes)

Die Ergebnisse sind in Tabelle 14 zusammengefaßt worden. Hierin fällt auf, daß besonders in den Altersstufen von 2o - 3o Jahren, aber auch von 3o - 4o Jahren, die Unfallhäufigkeit im Verhältnis zur Beschäftigtenzahl überproportional ist. Diese Feststellung steht im Einklang mit allgemeinen Ergebnissen der Unfallstatistik (vgl. R. SKIBA 1979 S. 64). Die Gründe hierfür liegen wahrscheinlich darin, daß in jungen Jahren Gefahren- und Sicherheitsbewußtsein noch nicht genügend ausgebildet sind und im Alter bis etwa 4o Jahren der gefährliche manuelle Transport stärker im Vordergrund steht als bei Beschäftigten höheren Alters.

3.1.4 Tätigkeit im Betrieb

Wie aus Bild 15 hervorgeht, sind die beim innerbetrieblichen Transport verunglückten Personen überraschenderweise vorwiegend nicht im Transport beschäftigt. Nur etwa ein Viertel der Verunglückten ist im Transport ständig beschäftigt. Mit 3,1 % ist der Anteil der bei der Aufsicht Verunglückten verhältnismäßig hoch.

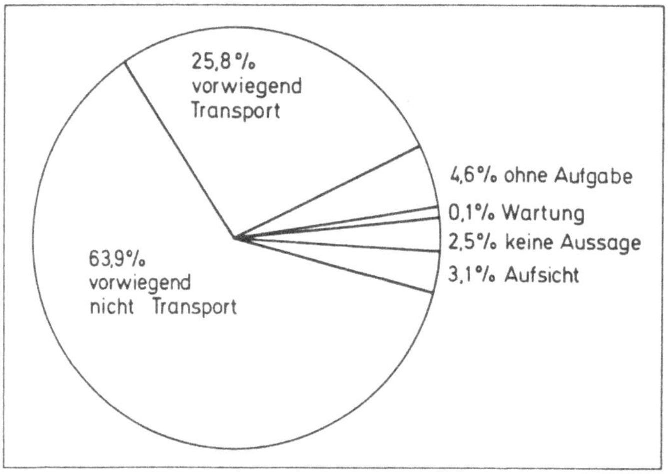

Bild 15: Unfälle nach ständiger Tätigkeit im Betrieb

Branche / Unfallhäufigkeit in %	Wupper-tal	Dort-mund	Soest	Schnitt	Bund
Keine Aussage	9,6	5,0	5,3	6,9	-
Bergbau	0,1	0,8	0,5	0,4	2,1
Steine u. Erden	0,9	1,0	0,4	0,8	3,0
Gas, Wasser, Energie	0,3	0,4	0,9	0,5	0,4
Eisen, Metall	37,0	58,9	62,7	51,4	25,3
Feinmechanik usw.	13,9	3,1	2,9	7,3	5,0
Chemie	8,8	1,5	0,2	4,0	3,5
Holz usw.	2,0	1,5	2,1	1,9	5,2
Druck u. Papier	3,9	1,2	1,3	2,3	2,4
Leder, Textil	5,4	0,2	1,4	2,6	3,0
Nahrung, Gaststätten	3,7	7,6	1,0	4,1	10,5
Hoch- und Tiefbau	4,1	8,3	11,1	7,5	19,3
Handel, Dienstleistung usw.	8,5	9,5	9,7	9,2	14,3
Verkehr	1,3	0,5	0,1	0,7	4,0
Gesundheitswesen	0,1	0,2	0,1	0,1	2,0
Sonstige	0,5	0,1	0,1	0,2	-

Tabelle 16: Unfallhäufigkeit nach Branchen (Angaben über Bund aus: Die Berufsgenossenschaft 1979 S. 453)

3.1.5 Branche

In Tabelle 16 wird die Verteilung der Unfälle nach Branchen vorgenommen und mit den Werten der Bundesrepublik Deutschland verglichen. Werte für das Land Nordrhein-Westfalen waren nicht zu erhalten. Danach ergibt sich, daß die Branche Eisen und Metall in der Stichprobe scheinbar überrepräsentiert ist. Da jedoch die Stichprobe für das Land Nordrhein-Westfalen repräsentativ sein soll und sich die Branche Eisen und Metall hier stark konzentriert, ist die Stichprobe als repräsentativ anzusehen. Ähnliche Erwägungen gelten sinngemäß für die übrigen Abweichungen der Stichprobe vom Bundesschnitt. Insgesamt darf die Stichprobe also als repräsentativ für das Land Nordrhein-Westfalen gelten.

3.1.6 Tageszeit

Bild 17 zeigt die Unfallhäufigkeit in Abhängigkeit von der Tageszeit. Danach ist die Zeit von 8 - 12 Uhr besonders stark durch Unfälle belastet. Der Grund hierfür dürfte darin liegen, daß in diesen Zeitraum im allgemeinen die größte betriebliche Aktivität fällt. Die Betriebsruhe in der Mittagszeit läßt sich durch eine Senke in der Unfallhäufigkeit erkennen. Am Nachmittag steigt noch-

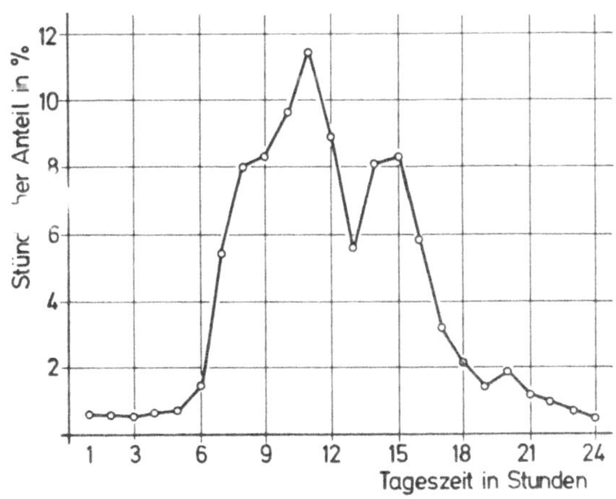

Bild 17: Unfallhäufigkeit nach Tageszeit

mals die Unfallhäufigkeit an. Auch hier dürfte die Ursache in verstärkten Aktivitäten liegen. Insofern deckt sich die Kurve in etwa mit der Kurve der natürlichen Leistungsbereitschaft nach O. GRAF (vgl. hierzu R. SKIBA 1979 S. 347 ff.). Die Kurve hat im übrigen einen für die Bundesrepublik Deutschland typischen Verlauf.

3.1.7 Zeit nach Arbeitsbeginn

Bild 18 zeigt die Unfallhäufigkeit in Abhängigkeit von der Zeit seit Arbeitsbeginn. Auch in dieser Kurve zeichnen sich die in Bild 13 bereits besprochenen zwei Unfallhäufigkeitsmaxima ab, hier um die 4. und die 7. Stunde nach Arbeitsbeginn. Auch hier ist der Verlauf der Kurve für die Verhältnisse in der Bundesrepublik Deutschland normal (vgl. R. SKIBA 1979 S. 354).

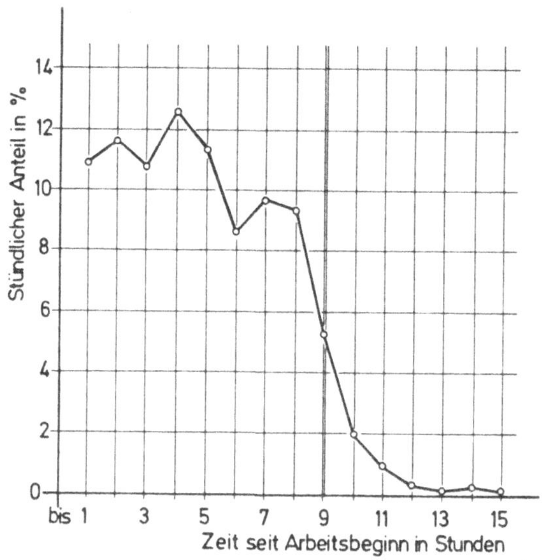

Bild 18: Unfallhäufigkeit nach Zeit seit Arbeitsbeginn

3.1.8 Verletzter Körperteil

Tabelle 19 zeigt die Zuordnung der Unfälle nach verletzten Körperteilen. Zum Vergleich sind die Durchschnittswerte für die Bundesrepublik Deutschland angegeben. Sie weichen nicht wesentlich von den Ergebnissen dieser Untersuchung ab. Danach stehen die Hände mit 41,5 % an der Spitze der Unfallhäufigkeit. Es folgen Füße (23,8 %) und Beine (11,3 %).

Körperteil / Anteil in %	Untersuchung	Bund Schnitt 1977
Keine Aussage	0,8	-
Kopf ohne Augen	6,7	5
Augen	1,3	3
Rumpf	8,5	8
Beine	11,3	1o
Füße	23,8	20
Arme	5,9	7
Hände	41,5	45
Innere Organe	0,1	2
Sonstige	0,1	-

Tabelle 19: Unfallhäufigkeit nach verletzten Körperteilen

3.1.9 Zumutbare Schutzausrüstung

Bei der Verschlüsselung jeder Unfallanzeige wurde auch gefragt, ob eine persönliche Schutzausrüstung zumutbarerweise hätte getragen werden können und dadurch möglicherweise der Unfall verhindert oder abgemildert worden wäre. Das Ergebnis zeigt Bild 2o. Danach ist in etwa einem Viertel der Unfälle keine persönliche Schutzausrüstung zumutbar. Dieser Prozentsatz von Unfällen läßt sich also nicht durch persönliche Schutzausrüstung vermeiden.
An der Spitze der nicht getragenen, jedoch zumutbaren persönlichen Schutzausrüstung steht der Handschutz, der in 41 % der Unfälle zumutbar gewesen wäre. Es folgt der Fußschutz mit knapp einem Viertel aller Unfälle. Die Grafik zeigt überzeugend, welchen Einfluß die persönliche Schutzausrüstung auf das Unfallgeschehen hat.

3.1.1o Verletzungsart

In Bild 21 wurden die Unfälle nach Klassen der Verletzungsart gegliedert. Danach ereignen sich in Übereinstimmung mit den Angaben

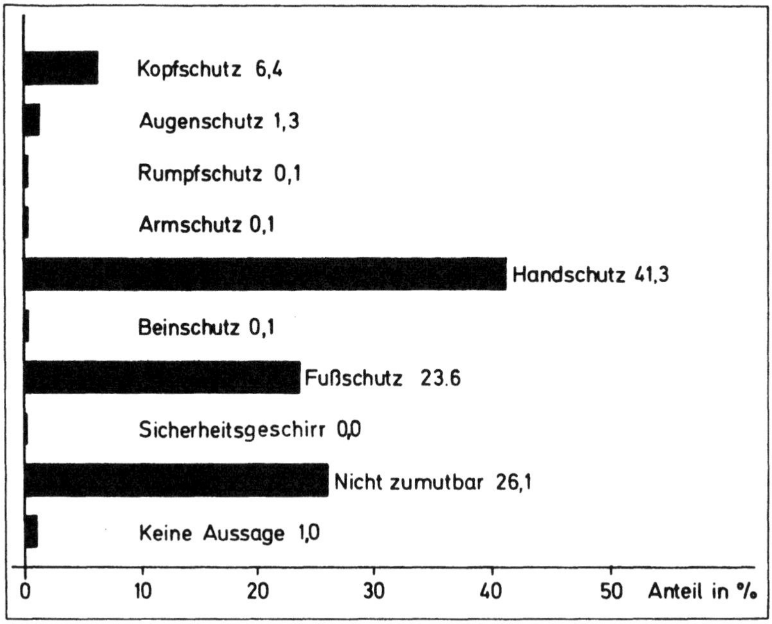

Bild 2o: Unfallhäufigkeit nach zumutbarer Schutzausrüstung

im Schrifttum (vgl. z.B. R. SKIBA 1971 S. 84) die meisten Unfälle in Form von Quetschungen, Prellungen, Verstauchungen, Bluterguß (54,1 %) und Platz-, Stich-, Schnitt- und Schürfwunde (24,3 %). Verhältnismäßig hoch ist der Anteil der Knochenbrüche.

3.1.11 Unfallvorgang

Der Unfallvorgang besteht streng genommen aus 2 Merkmalen, nämlich der Bewegung des Menschen und der Bewegung des Gegenstandes zum Zeitpunkt des Unfalls. Aus praktischen Erwägungen wurden diese beiden Merkmale zu einem Merkmal zusammengefaßt.

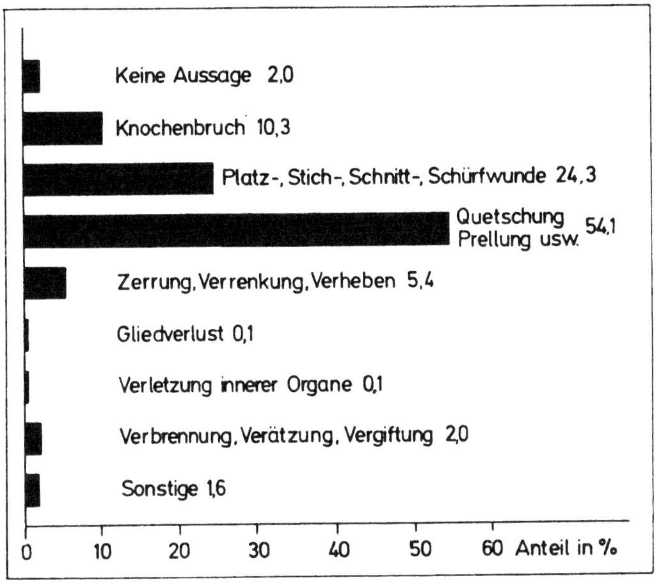

Bild 21: Unfallhäufigkeit nach Verletzungsart

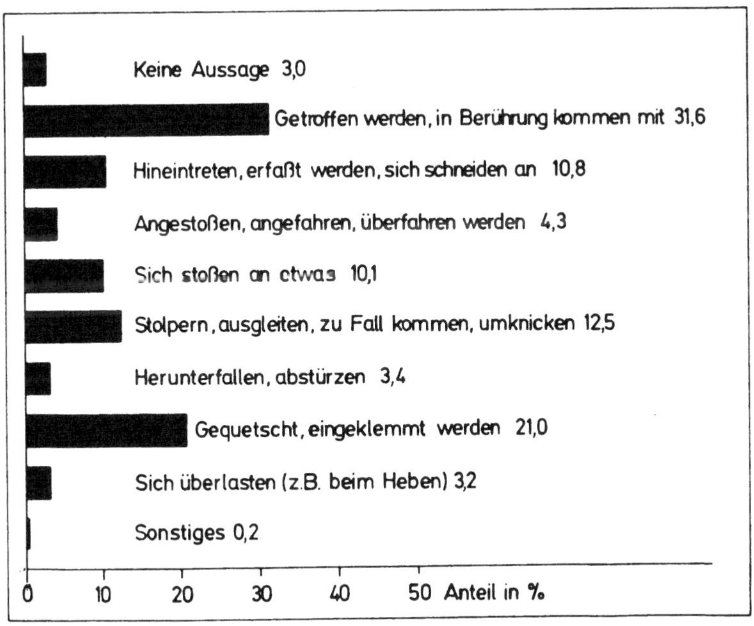

Bild 22: Unfallhäufigkeit nach Unfallvorgang

Bild 22 zeigt, daß die verschiedenen Unfallvorgänge hinsichtlich der prozentualen Aufgliederung verhältnismäßig weit streuen. An der Spitze steht mit knapp einem Drittel aller Unfälle der Vorgang Getroffen werden und in Berührung kommen mit. Es folgt mit 21 % gequetscht und eingeklemmt werden.

3.1.12 Tätigkeit zum Zeitpunkt des Unfalls

In Bild 23 sind die Unfälle nach Tätigkeiten zum Zeitpunkt des Unfalls aufgegliedert. Berücksichtigt wurden nur Anteile > 1 %. Das Bild weist als Schwerpunkt das Transportieren mit physischer Kraft aus. Dieser Schwerpunkt umfaßt etwa 50 % aller Unfälle. Davon entfallen auf den vertikalen Transport ohne technischen Hilfsmittel 18,9 %, auf den horizontalen Transport ohne technische Hilfsmittel 14,8 %. Dies sind etwa ein Drittel aller Unfälle.

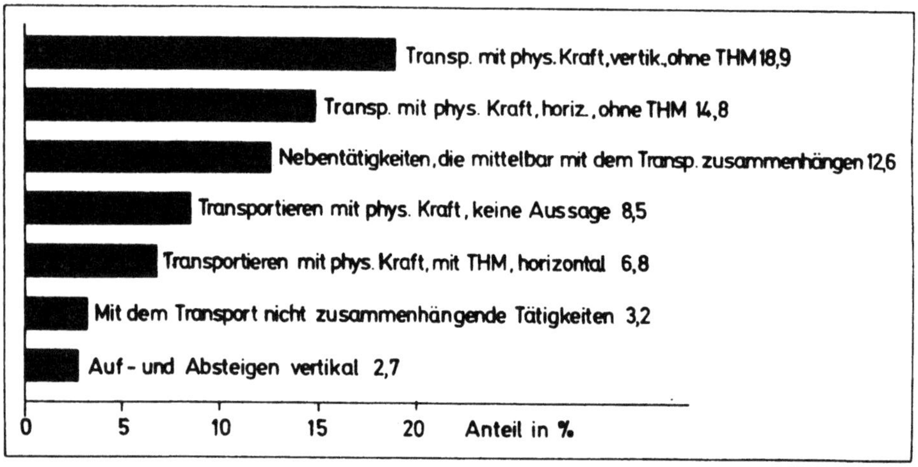

Bild 23: Unfallhäufigkeit nach Tätigkeit des Verletzten zum Zeitpunkt des Unfalls (nur Häufigkeiten > 1 %)

Stark belastet sind mit 12,6 % auch Nebentätigkeiten, die mittelbar mit dem Transport zusammenhängen, z.B. verpacken, aus- und einpacken.

Unter den Verletzten befinden sich mit 3,2 % auch viele Personen, die nicht mit dem Transport zusammenhängende Tätigkeiten ausführen.

Auf das vertikale Auf- und Absteigen entfallen 2,7 % aller Unfälle beim Transport.

3.1.13 Gegenstände

Die Unfälle wurden nach 3 unterschiedlichen Gegenstandsarten aufgenommen, und zwar:

1. Nach dem verletzungsbewirkenden Gegenstand:
   Hier liegt der theoretische Ansatz in der Gefahrenträgertheorie (vgl. R. SKIBA 1973), nach der der Unfall als Zusammentreffen von Gegenstand und Mensch definiert ist. Der hier die Verletzung bewirkende Gegenstand ist das Merkmal für die Klassifikation.

2. Nach dem unfallauslösenden Gegenstand: Dieses Merkmal wird in den Statistiken von Berufsgenossenschaft und Gewerbeaufsicht benutzt. Die Berufsgenossenschaften verstehen unter einem unfallauslösenden Gegenstand einen "Gegenstand,dessen Vorhandensein, Orts- oder Zustandsänderung den vorgesehenen Betriebszustand oder -ablauf gestört und dadurch den Unfall ausgelöst hat" (Die Berufsgenossenschaft 1973 S. 489).

3. Nach sonstigen beteiligten Gegenständen: Hier werden die Gegenstände genannt, die unter 1 und 2 noch nicht genannt sind. Ereignet sich beispielsweise ein Unfall durch Einklemmen einer zufliegenden Tür an einem Flurfördermittel, so wird hier das Flurfördermittel registriert.

Die in Tabelle 24 zusammengefaßten Ergebnisse zeigen zunächst bei den unfallauslösenden Gegenständen einen auffallend hohen Prozentsatz nicht klassifizierbarer Unfälle. Hierdurch wird deutlich, daß die Unfallanzeige nur beschränkt Aussagen über Merkmale zuläßt, die dem Ursachengefüge nahe kommen.

Von Interesse ist die Frage, inwieweit sich der die Verletzung bewirkende mit dem unfallauslösenden Gegenstand deckt. Zunächst zeigt sich, daß in 364 Fällen gleichzeitig bei beiden Merkmalen keine Aussage möglich ist. In 727 Fällen decken sich die Aussagen über den die Verletzung bewirkenden und den unfallauslösenden Gegenstand. Dies sind nur 14,4 % der Fälle. Zu berücksichtigen

Gegenstandsgruppe	Verletzungs-bewirkender Gegenstand abs. (%)	Unfallaus-lösender Gegenstand abs. (%)	Sonstige beteiligte Gegenstände abs. (%)
keine Aussage	465 (9,2)	3461 (68,5)	2131 (42,2)
Mensch als Transport-mittel	- (-)	31 (0,6)	9 (0,2)
Flurfördermittel	368 (7,3)	99 (2,0)	932 (18,4)
Hebezeug	29 (0,6)	29 (0,6)	483 (9,6)
Stetigförderer	37 (0,7)	15 (0,3)	132 (2,6)
Hängebahn	-	-	4 (0,1)
Strömungsförderer	3 (0,1)	2 (0,0)	8 (0,2)
Schwingförderer	-	1 (0,0)	- -
Teile eines Transport-mittels	573 (11,3)	211 (4,2)	87 (1,7)
Transporthilfsmittel	860 (17,0)	316 (6,3)	42o (8,3)
Hindernisse	327 (6,5)	92 (1,8)	232 (4,6)
Transportgut	1917 (38,o)	332 (6,6)	43o (8,5)
Lager(mittel)	63 (1,2)	136 (2,7)	1o5 (2,1)
Transportweg	192 (3,8)	188 (3,7)	59 (1,2)
Sonstiges	215 (4,3)	136 (2,7)	17 (o,3)
Summe	5o49 (1oo,o)	5o49(1oo,o)	5o49(1oo,o)

Tabelle 24: Unfallhäufigkeit nach Gegenstandsgruppen

ist dabei, daß zum unfallauslösenden Gegenstand nur 31,5 % der Fälle überhaupt eine Aussage über einen Gegenstand zulassen, so daß in etwa knapp der Hälfte solcher positiver Aussagen Übereinstimmunq besteht.

Weiterhin ist auffallend, daß in allen 3 Gegenstandsarten sich etwa gleichlautende Häufigkeitsschwerpunkte ergeben.

Bei den Flurfördermitteln konzentriert sich das Unfallgeschehen in erster Linie auf Lastwagen, handbewegte Flurfördermittel und Gabelstapler.

Bei Teilen von Transportmitteln sind in erster Linie Deichsel- oder Führergriffe und Zuggabeln, umlaufende Maschinenteile, Türen und Ladeflächen betroffen.

Unter den Transporthilfsmitteln konzentrieren sich die Unfälle sehr stark auf Kisten, Behälter, Paletten, Trommeln, Spulen, Eimer usw., die mit 11,9 % Anteil die Verletzung bewirken.

Unter Transportgut liegt der Unfallschwerpunkt bei Stückgut bis 5o kg, das mit 2o,o % Anteil die Verletzung bewirkt.

3.1.14 Ladezustand des Transportmittels

Die Klassifikation nach dem Ladezustand des Transportmittels ergab die Aufteilung in Tabelle 25. Danach war das am Unfall beteiligte Transportmittel in der Regel beladen.

Ladezustand	Unfälle	
	abs.	(%)
keine Aussage	1583	(31,4)
leer	161	(3,2)
beladen	33o5	(65,4)
S u m m e	5o49	(100,0)

Tabelle 25: Unfallhäufigkeit nach Ladezustand des Transportmittels

3.1.15 Transportenergie

Eine Klassifikation nach der Transportenergie ergibt die in Bild 26 dargestellte Situation. Danach wird bei den registrierten Unfällen als überwiegende Transportenergie die Muskelkraft benutzt, es folgen elektrische Energie, Diesel und Akkuenergie.

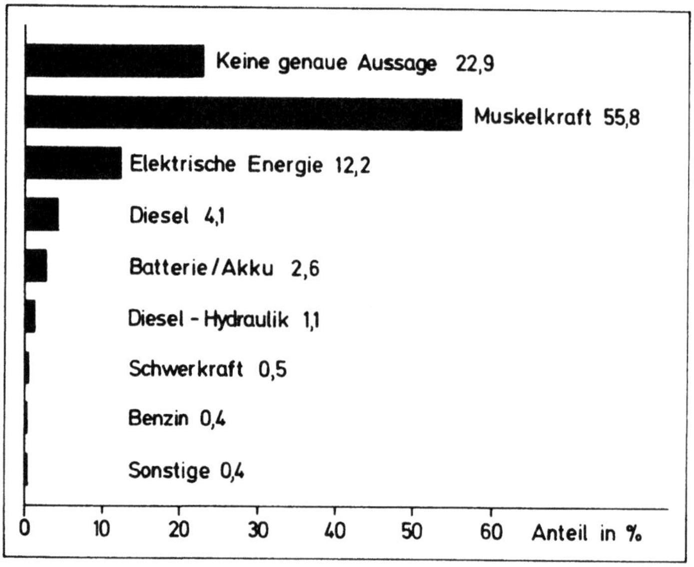

Bild 26: Unfallhäufigkeit nach Transportenergien

3.1.16 Unfallursachen

Die Angaben sämtlicher Unfallanzeigen wurden auf erkennbare Unfallursachen abgefragt und klassifiziert. Soweit mehrere Unfallursachen erkennbar waren, wurden bis zu 3 Ursachen klassifiziert, also Mehrfachnennungen registriert. Die Unfallursachen wurden entsprechend herkömmlichen Vorstellungen in technische, organisatorische und verhaltensgebundene unterschieden (vgl. Tabelle 27).

Unter den technischen Unfallursachen dominiert mit 7,1 % Anteil der glatte Transportweg bzw. glatte Schuh und mit 3,5 % Anteil der un-

Unfallursache	Unfälle abs.	Unfälle %
keine Aussage	131	2,6
T E C H N I K		
- Mangel an Werk- oder Arbeitsstoff	9	0,2
- Konstruktiver Mangel	38	0,7
- Nicht angebrachte oder mangelnde Schutzvorrichtung	1	0,0
- Technisch bedingte Störung	49	1,0
- Unsachgemäße Instandhaltung	1	0,0
- Mangelnde Anpassung an Mensch	5	0,1
- Beleuchtung	6	0,1
- Lärm	1	0,0
- Glatter Transportweg, glatte Schuhe	359	7,1
- Unebener Transportweg	179	3,5
- Sonstige Mängel des Transportweges	3	0,1
- Mangelhafte Montage	1	0,0
- Sonstige technische Ursachen	1	0,0
O R G A N I S A T I O N		
- Mangelnde Ordnung	38	0,7
- Nichtzurverfügungstellen von vorschriftsmäßigen Arbeitsmitteln	8	0,2
- Mangelnde Gestaltung des Arbeitsplatzes	68	1,3
- Mängel des Arbeitsablaufs	2	0,0
- Ungenügende Ausbildung und Unterweisung	17	0,3
- Nicht rechtzeitige Instandhaltung	8	0,2
- Ungenügende Aufsicht und Kontrolle	9	0,2
- Nichtzurverfügungstellen von persönlicher Schutzausrüstung	1	0,0
V E R H A L T E N		
- Unterlassener oder unsachgemäßer Gebrauch von persönlicher Schutzausrüstung	1033	20,5
- Unterlassener oder unsachgemäßer Gebrauch von Arbeitsschutzvorrichtungen	10	0,2
- Mangelnde Sicherung des Transportgutes	108	2,1
- Überhöhte Geschwindigkeit	16	0,3
- Ungenügende Verständigung	44	0,9
- Physische Überforderung	163	3,2
- Alkoholeinwirkung	1	0,0
- Spielen, Necken, Streiten	2	0,0
- Unzeitgemäßes Ingangsetzen	9	0,2
- Unsachgemäße Benutzung von technischen Arbeitsmitteln	4	0,1
- Nichtbeachten von Gesetzen und Verordnungen	3	0,1
- Nichtbeachten von Unfallverhütungsvorschriften	76	1,5
- Nichtbeachten von anerkannten Regeln der Technik	81	1,6
- Nichtbeachten von Betriebsvorschriften	11	0,2
- Mangelnde persönliche Aufmerksamkeit	4592	90,9
- Sonstige verhaltensgebundene Ursachen	2	0,2

Tabelle 27: Unfallhäufigkeit nach Unfallursachen (Mehrfachnennungen)

ebene Transportweg. Konstruktive Mängel ließen sich nur in o,7 % der Fälle annehmen oder nachweisen.

Unter den organisatorischen Unfallursachen bildet mit 1,3 % Anteil die mangelnde Gestaltung des Arbeitsplatzes der Schwerpunkt. Es folgen mangelnde Ordnung (o,7 %) und ungenügende Ausbildung und Unterweisung (o,3 %).

Unter den verhaltensgebundenen Ursachen liegt mit 9o,9 % aller Unfälle der weit herausragende Schwerpunkt bei mangelnder persönlicher Aufmerksamkeit. Bei der Durchsicht der Unfallanzeigen fand eine Registrierung in dieser Klasse statt, wenn sich ergab, daß der Unfall durch größere Aufmerksamkeit hätte verhindert oder in seinen Auswirkungen abgemildert werden können. In 2o,5 % der Fälle war die Ursache unterlassener oder unsachgemäßer Gebrauch persönlicher Schutzausrüstung. Registriert wurden nur im Gegensatz zu den Angaben in Abschnitt 3.1.9 Unfälle, bei denen offensichtlich eine vorgeschriebene oder unbestritten übliche Benutzung persönlicher Schutzausrüstung unterblieb oder unsachgemäß durchgeführt wurde.

Alle anderen verhaltensgebundenen Unfallursachen treten gegenüber diesen beiden Schwerpunkten zurück. So führte die Nichtbeachtung von Vorschriften (Gesetze, Verordnungen, Unfallverhütungsvorschriften, anerkannte Regeln der Technik, Betriebsvorschriften) in 3,4 % der Fälle zu Unfällen. Physische Überforderung war in 3,2 % der Fälle Unfallursache. Schließlich war die durch das Verhalten bedingte mangelnde Sicherung des Transportgutes in 2,1 % aller Fälle unfallverursachend.

In nur 2,6 % aller Unfallanzeigen konnten über die Unfallursachen keine Angaben gemacht werden.

3.2 Unfalltypen

3.2.1 Unfalltypen nach Fördermitteln

3.2.1.1 Übersicht nach Fördermitteln

Jeder registrierte Unfalltyp ist auf ein bestimmtes Fördermittel bezogen. Bild 28 gibt eine Übersicht, wie sich die Fördermittel verteilen, auf die sich die Unfalltypen beziehen. Danach ereignen sich die Unfälle beim innerbetrieblichen Transport etwa zur Hälfte im Zusammenhang mit dem Fördermittel Mensch. Es folgen die Flurfördermittel mit mehr als ein Viertel, Hebezeug (11,1 %), Regale, Stapel, Silo (6,3 %), Stetigförderer (2,4 %) und Erdbaumaschine (1,1 %). Schwerpunkte nach Fördermitteln sind also Mensch, Flurfördermittel und Hebezeug.

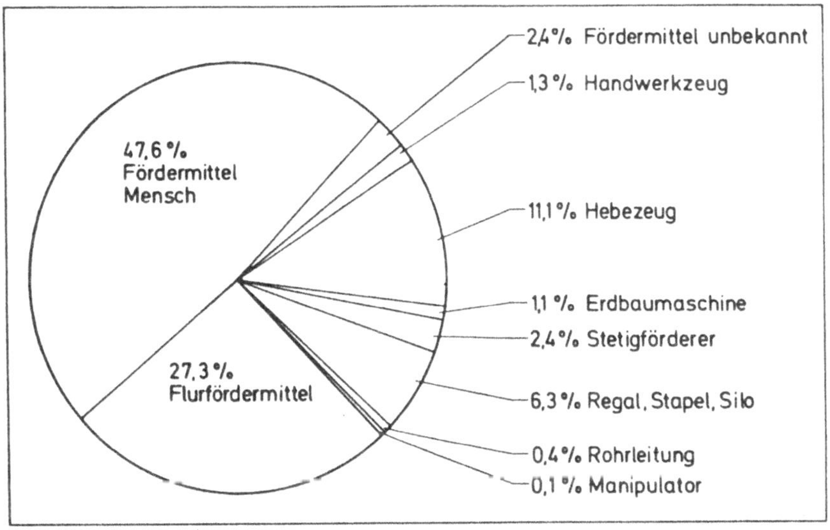

Bild 28: Unfälle nach Fördermitteln, auf die sich die Unfalltypen beziehen

3.2.1.2 Fördermittel Mensch

Die Unfalltypen im Zusammenhang mit dem Fördermittel Mensch ergeben sich aus Tabelle 29.

Die Unfalltypen im Zusammenhang mit dem Fördermittel Mensch ergeben sich aus Tabelle 29. An der Spitze stehen Unfälle durch Verletzen beim Handtransport (24,6 %), überwiegend beim Transport von Lasten > 10 kg.

Unfalltyp	Unfälle abs.	Unfälle (%)
1. Sich verletzen beim Handtransport, geschätzte Last > 10 kg	973	(19,3)
2. Sich verletzen beim Handtransport, geschätzte Last $\leqq$ 10 kg	268	(5,3)
3. Ausrutschen auf Ebene (167 = 3,3 %) und Treppe (76 = 1,5 %)	243	(4,8)
4. Sich schneiden an scharfem Material	237	(4,7)
5. Sich überlasten, verzerren	125	(2,5)
6. Sich verletzen beim Einlegen von Werkstück	1o4	(2,0)
7. Stolpern auf Ebene (72 = 1,4) und Treppe (19 = 0,4)	91	(1,8)
8. Sich verletzen beim Herausnehmen von Werkstück	79	(1,6)
9. Sich verletzen beim Ein- und Auspacken der Ware	65	(1,3)
10. Sich verletzen an angestoßenem, in Bewegung geratenem Gegenstand	42	(0,8)
11. Beim Wiederaufrichten sich stoßen	37	(0,7)
12. Restliche Unfalltypen	139	(2,8)
Summe	2.403	(47,6)

Tabelle 29: Unfalltypen im Zusammenhang mit dem Fördermittel Mensch.

Es folgen mit 4,8 % Unfälle durch Ausrutschen. Diese verhältnismäßig niedrige Zahl kommt dadurch zustande, daß Ausrutschunfälle nur dann registriert wurden, wenn aus der Unfallanzeige hervorging, daß ein Transportvorgang vorlag. Ausrutschunfälle bei unbelastetem Gehen wurden nicht in die Statistik aufgenommen.

Weiterer Unfallschwerpunkt ist das sich schneiden an scharfem Material, insbesondere Eisenbändern, Spänen, Blechteilen usw.

Typisch für das Fördermittel Mensch ist der Unfalltyp"Sich überlasten, verzerren", der mit 2,5 % Anteil verhältnismäßig hoch ist.

Hinsichtlich des Unfalltyps "Sich verletzen beim Einlegen von Werkstück" ist anzumerken, daß hier keine Unfälle registriert wurden, die sich beim Bearbeiten des Werkstückes ereigneten. Lediglich das Einlegen vor dem Bearbeitungsvorgang wurde noch als Transportvorgang aufgefaßt. Der Unfalltyp ereignete sich besonders häufig im Bereich des Gewerbeaufsichtsamtes Wuppertal in der textil- und metallverarbeitenden Industrie. Verletzter Körperteil waren überdurchschnittlich die Füße, auf die die einzulegenden Gegenstände fielen.

Unter den übrigen Unfalltypen war der Typ "Beim Wiederaufrichten sich stoßen" mit 0,7 % aller Unfälle überraschend hoch. Von der Verletzung betroffen war vor allem der Kopf, der ausnahmslos nicht durch Helm geschützt war.

3.2.1.3 Werkzeug

Über 9o % aller Unfälle beim Umgang mit Werkzeug ereignet sich beim Hebeln. Es zeichnen sich folgende Schwerpunkte ab:

1. Sich verletzen beim Arbeiten mit dem Kanthebel. In den meisten Fällen erfolgt die Verletzung durch den Kanthebel selbst, der sich nicht ablöst oder nicht sachgemäß gehandhabt wird. In den Unfallanzeigen wurde wiederholt angedeutet, daß ungeeignete Kanthebel zur Verfügung gestellt bzw. benutzt wurden.

2. Getroffen werden von Hebel beim Hebeln, z.B. durch Ausrutschen des Hebels oder der Bedienungsperson.

3. Sich verletzen an umgebenden Gegenstand beim Hebeln.

3.1.1.4 Flurfördermittel

Der Unfallschwerpunkt Flurfördermittel wurde nach Bauarten von Flurfördermitteln, auf die sich der Unfalltyp bezieht, aufgegliedert.

Flurfördermittel	Unfälle abs.	(%)
Sackkarre	41	(0,8)
Handbewegter Wagen	448	(8,9)
Flurfördermittel mit Mitgängerbedienung	34	(0,7)
Flurfördermittel mit Handbedienung	1	(0,0)
Motorisch betriebener Transportwagen	34	(0,7)
Schlepper	7	(0,1)
Lastkraftwagen	429	(8,5)
Anhänger	12	(0,2)
Autobus	2	(0,0)
Personankraftwagen	10	(0,2)
Gabelstapler	250	(5,0)
Straßenbahn	2	(0,0)
Fahrrad	8	(0,2)
Gleisgebundene Flurfördermittel	101	(2,0)
S u m m e	1379	(27,3)

Tabelle 3o: Unfalltypen im Zusammenhang mit Bauarten von Flurfördermitteln.

Wie aus Tabelle 3o hervorgeht, konzentrieren sich die Unfälle auf Unfalltypen, die mit folgenden Fördermitteln in Verbindung stehen:

1. Handbewegte Wagen (8,9 % der Unfälle des innerbetrieblichen Transports)
2. Lastkraftwagen (8,5 %)
3. Gabelstapler (5,o %)
4. Gleisgebundene Flurfördermittel (2,o %)

Die weitere Aufgliederung der mit handbewegten Wagen verbundenen Unfalltypen ist in Tabelle 31 dargestellt. Danach ist das "Sich selbst anfahren" (2,1 %) neben "Andere anfahren" herrschender Unfalltyp. Beim "Sich selbst anfahren" wird fast ausschließlich der Fuß verletzt, der vom Wagen beim Ziehen überfahren wird. Dieser Unfalltyp ist vor allem im Bereich bestimmter Arbeitsabläufe (z.B. der Textil-

Unfalltyp	Unfälle abs.	(%)
Sich selbst anfahren	107	(2,1)
Sich einquetschen beim Fahren	68	(1,3)
Sich verletzen beim Be- und Entladen	54	(1,1)
Getroffenwerden von Transportgut beim Transportieren	48	(1,0)
Sich stoßen am Wagen	40	(0,8)
Andere anfahren	39	(0,8)
Sich verletzen an der Deichsel	36	(0,7)
Erfaßt werden von umkippendem Wagen	19	(0,4)
Sonstige	37	(0,7)
S u m m e	448	(8,9)

Tabelle 31: Unfalltypen in Zusammenhang mit handbewegten Wagen

industrie), bei denen noch weitgehend derartige Flurfördermittel notwendig sind, verbreitet und entsprechend typisch für die Betriebe im Bereich des Gewerbeaufsichtsamtes Wuppertal. Der Unfalltyp "Getroffen werden vom Transportgut beim Transportieren" beruht in erster Linie auf mangelnde Transportsicherung. Auffallend hoch ist der Unfalltyp "Sich verletzen an der Deichsel". Die Unfälle des Unfalltyps "Erfaßt werden von umkippendem Wagen" konzentrieren sich fast ausschließlich auf Betriebe im Bereich des Gewerbeaufsichtsamtes Wuppertal. Es wird vermutet, daß die Unfälle durch betriebsspezifische Beladung in Verbindung mit ungenügender Kippstabilität der Handwagen verursacht wird.

Tabelle 32 gibt eine Übersicht über die mit Lastwagen verbundenen Unfalltypen. Schwerpunkt ist das Getroffen werden vom Transportgut beim Be- und Entladen (3,3 %). Auffallend hoch ist der Anteil der Unfälle durch Ausrutschen. Rechnen wir noch die Unfälle durch Abspringen vom LKW hinzu, so ergibt sich ein Anteil von 2,4 %.

Unfalltyp	Unfälle abs.	(%)
Getroffen werden von Transportgut beim Be- und Entladen	168	(3,3)
Ausrutschen bei Auf- und Abstieg (48 = 1,o%), auf dem Boden nach Abstieg (21 = o,4%), auf der Ladefläche (20 = o,4%), auf der Rampe (10 = o,2%)	99	(2,0)
Getroffen werden von Ladeklappe	28	(0,5)
Unfälle an Anhängergabel	20	(0,4)
Sich verletzen durch Abspringen von LKW	19	(0,4)
Sonstige	95	(1,9)
S u m m e	429	(8,5)

Tabelle 32: Unfalltypen in Zusammenhang mit Lastkraftwagen

Tabelle 33 zeigt die Verteilung der Unfalltypen in Zusammenhang mit Gabelstaplern. Danach ist das Anfahren von Personen mit 1,6 % Anteil Schwerpunkt. Der größte Teil dieser Unfälle ereignet sich beim Vorwärtsfahren, mehr als ein Drittel jedoch beim Zurücksetzen. Ähnlich dem LKW sind Be- und Entladen mit o,8 % und Ausrutschen bei Auf- und Abstieg (o,4 %) verhältnismäßig stark vertretene Unfalltypen. Typisch für Gabelstapler sind Verletzungen durch Lenkradrückschlag. Unter den gesamten Unfällen konnten nur 2 registriert werden, bei denen Verletzungen durch Umkippen bewirkt wurden, in einem Fall mit tödlichem Ausgang.

Tabelle 34 zeigt die Verteilung der Unfalltypen im Zusammenhang mit gleisgebundenen Fahrzeugen. Danach liegt der Schwerpunkt des Unfallgeschehens beim Ausrutschen vor allem bei Auf- und Abstieg. Im übrigen verteilen sich die Unfälle verhältnismäßig breit auf viele Unfalltypen.

Unfalltyp	Unfälle abs.	(%)
Jemanden anfahren rückwärts (31 = 0,6 %), vorwärts (49 = 1,0 %), sich selbst (2 = 0,0 %)	82	(1,6)
Getroffen oder eingequetscht werden beim Be- und Entladen	41	(0,8)
Sich stoßen an Gabelstaplerteilen, davon bei Auf- und Abstieg 10(0,2 %)	28	(0,6)
Sich verletzen beim Instandhalten	22	(0,5)
Ausrutschen bei Auf- und Abstieg	20	(0,4)
Getroffen werden von angefahrenem, in Bewegung gesetzen Gegenstand	11	(0,2)
Sich verletzen durch Lenkradrückschlag	10	(0,2)
Sonstige	36	(0,7)
S u m m e	250	(5,0)

Tabelle 33: Unfalltypen im Zusammenhang mit Gabelstaplern

3.2.1.5 Hebezeug

In Tabelle 35 wurde der Unfallschwerpunkt Hebezeug mit einem Anteil von 11,1 % der Unfälle des innerbetrieblichen Transports nach Bauarten von Hebezeugen, auf die sich der Unfalltyp bezieht, aufgegliedert.

Daraus geht hervor, daß sich die Unfälle weit herausragend auf Krananlagen konzentrieren. Leider reichten die Angaben in den Unfallanzeigen nicht genügend aus, um eine Aufteilung nach Bauarten von Krananlagen vorzunehmen. Es darf jedoch davon ausgegangen werden,

Unfalltyp	Unfälle abs.	(%)
Ausrutschen beim Be- und Entladen (1o = o,2 %), Weichenbedienung (1 = o,o %), Auf- und Abstieg (23 = o,4 %), Waggonboden (3 = 0,1 %)	37	(0,7)
Stolpern über Gleisanlage	11	(0,2)
Verletzen beim Be- und Entladen	10	(0,2)
Abstürzen von Waggon	7	(0,2)
Sonstige	36	(0,7)
S u m m e	101	(2,0)

Tabelle 34: Unfalltypen im Zusammenhang mit gleisgebundenen Fahrzeugen

Bauart	Unfälle abs.	(%)
Trommelwinde	2	(0,0)
Flaschenzug	5	(0,1)
Kleinhebezeug	27	(0,5)
Elektrowinde, Elektrozug	22	(0,4)
Laufkatze	2	(0,0)
Aufzug	25	(0,5)
Hebebühne	3	(0,1)
Kran	461	(9,1)
Sonstiges Hebezeug	13	(0,4)
S u m m e	56o	(11,1)

Tabelle 35: Unfalltypen in Zusammenhang mit Hebezeugen

Unfalltyp	Unfälle abs.	(%)
Einquetschen zwischen Fördergut und Lastaufnahmemittel	92	(1,8)
Getroffen werden von herabfallendem Transportgut	92	(1,8)
Getroffen werden von Lastaufnahmeeinrichtung	62	(1,2)
Getroffen werden, eingequetscht werden von pendelnder Last	34	(0,7)
Ausrutschen, umknicken bei Auf- und Abstieg	29	(0,6)
Sich quetschen, schneiden beim Absetzen der Last	24	(0,5)
Getroffen werden von umkippenden Transportteilen beim An- und Abschlagen	20	(0,4)
Eingequetscht werden von Kranteilen, Lastaufnehmeeinrichtung	14	(0,3)
Stolpern beim Bedienen	14	(0,3)
Getroffen werden von angefahrenem, sich in Bewegung setzendem Gegenstand	11	(0,2)
Sonstige	69	(1,3)
S u m m e	461	(9,1)

Tabelle 36: Unfalltypen in Zusammenhang mit Krananlagen

daß es sich überwiegend um Brücken-, Portal-, Turmdreh- und Autokran handelt, die in der Praxis auch am häufigsten im Einsatz sind.

Daneben sind die Unfälle in Zusammenhang mit Kleinhebezeug, Elektrowinden und Aufzügen verhältnismäßig unbedeutend.

In Tabelle 36 sind die einzelnen Unfalltypen in Zusammenhang mit Krananlagen aufgeführt. Dabei zeichnen sich im wesentlichen drei Schwerpunkte ab:

1. Einquetschen zwischen Fördergut und Lastaufnahmemittel (1,8 %) und sich einquetschen, schneiden beim Absetzen der Last (o,5 %). Betroffen sind immer die Hände. Ursachen sind vor allem mangelnde Aufmerksamkeit und ungenügende Verständigung zwischen Kranfahrer und Anschläger.

2. Getroffen werden (1,2 %), eingequetscht werden (o,3 %) von Lastaufnahmeeinrichtung oder pendelnder Last (o,7 %). Ursachen sind vor allem mangelnde Aufmerksamkeit und ungenügende Ausbildung und Unterweisung sowie Gestaltungsmangel des Arbeitsplatzes.

3. Getroffen werden von herabfallendem Transportgut (1,8 %). Betroffen sind alle Körperteile, überdurchschnittlich hoch jedoch Kopf und Füße. Ursachen sind vor allem mangelhafte Sicherung des Transportgutes und Mangel an Aufmerksamkeit, z.T. auch unterlassener Gebrauch von persönlicher Schutzausrüstung.

Weitere Unfallhäufungen waren bei den Unfalltypen "Ausrutschen, umknicken bei Auf- und Abstieg" (o,6 %) und "Stolpern beim Bedienen" (o,3 %) zu verzeichnen. Die Unfälle des letzteren Typs kamen im wesentlichen dadurch zustande, daß bei Fernbedienung und dabei notwendigem Standortwechsel der Kran bzw. das Transportgut beobachtet wurden, jedoch nicht auf den Fußboden geachtet wurde.

Bei Kleinhebezeug liegt der Schwerpunkt des Unfallgeschehens beim Eingequetscht werden durch abgehende, abrutschende Kleinhebevorrichtungen und Kleinwinden.

An Elektrozügen und -winden gleichen die Unfalltypen denen von Krananlagen.

Mit o,5 % Anteil liegt die Zahl der Unfälle in Zusammenhang mit Aufzügen verhältnismäßig hoch. Mehr als die Hälfte (o,3 %) dieser Unfälle ereignete sich durch Einquetschen an der Aufzugstür beim Betreten und Abtreten. o,1 % der Unfälle ereignete sich in Lastaufzügen durch Einquetschen zwischen Aufzug oder darin beförderten Transportgut und Schachtwand.

3.2.1.6 Erdbaumaschinen

Unter den Erdbaumaschinen sind Bagger, Lader, Schütt-, und Planiergeräte zu verstehen. Die Unfälle verteilen sich zu o,5 % auf Bagger, o,5 % Lader und o,1 % Schütt- und Planiergeräte.

Die Unfälle im Zusammenhang mit Baggern ähneln denen von Krananlagen.

Schwerpunkte des Unfallgeschehens beim Umgang mit Erdbaumaschinen sind:

1. Sich verletzen bei Instandhaltungsarbeiten (o,3 %).
   Derartige Arbeiten standen in unmittelbarem Zusammenhang mit dem innerbetrieblichen Transport, z.B. Schmieren und Auswechseln von Transportgefäßen.

2. Ausrutschen bei Auf- und Abstieg (o,3 %).

3.2.1.7 Stetigförderer

Bauart	Unfälle abs.	(%)
Gurtbandförderer	17	(0,4)
Stegkettenförderer	1	(0,0)
Kreisförderer	22	(0,4)
Umlaufförderer	3	(0,1)
Rollförderer	22	(0,4)
Rutsche	1	(0,0)
Schüttelrutsche	1	(0,0)
Bandförderer ohne nähere Angabe	57	(1,1)
S u m m e	124	(2,4)

Tabelle 37: Unfalltypen im Zusammenhang mit Bauarten von Stetigförderern

In Tabelle 37 wurden die Unfalltypen im Zusammenhang mit Bauarten von Stetigförderern aufgegliedert. Viele Unfallanzeigen ließen eine genaue Entscheidung, welche Bauarten von Bandförderern vorlagen, nicht zu. Es muß jedoch angenommen werden, daß der größte Teil dieser Bandförderer den Gurtbandförderern zuzurechnen sind.

Nach der Klassifizierung zeichnet sich ab, daß Gurtband-, Kreis- und Rollförderer die durch Unfälle am häufigsten beaufschlagten Bauarten von Stetigförderern sind.

Unter den Unfalltypen - siehe Tabelle 38 - ist das Getroffen werden von Transportgut (o,8 %) Schwerpunkt. Dieser Schwerpunkt ist besonders bei Bandförderern typisch. Die Verletzungen treten sowohl durch sperriges Fördergut wie vor allem durch vom Band herabfallendes Fördergut auf. Mit o,4 % Anteil ist das "Erfaßt werden vom Stetigförderer" weiterer Unfallschwerpunkt. Auch dieser Unfallschwerpunkt konzentriert sich auf Bandförderer. Das Einziehen in den Förderer

Unfalltyp	Unfälle abs.	Unfälle (%)
Getroffen werden von Transportgut	44	(0,8)
Erfaßt werden vom Stetigförderer	21	(0,4)
Sich verletzen beim Ein- und Aushängen an Kreisförderer	13	(0,3)
Ausrutschen beim Be- und Entladen (0,1 %) und beim Überqueren des Förderbandes (0,1 %)	13	(0,3)
Sich einquetschen beim Be- und Entladen	11	(0,2)
Sonstige	22	(0,4)
S u m m e	124	(2,4)

Tabelle 38: Unfalltypen im Zusammenhang mit Stetigförderern

erfolgt meistenteils durch die Trag- und Umlenkrollen. Die Unfälle durch Ausrutschen beim Überqueren des Förderbandes erfolgten ausnahmslos ohne Benutzung ordnungsgemäß installierter Bandübergänge. Offensichtlich ist das Be- und Entladen von Bändern besonders unfallträchtig in Hinsicht auf die Quetschgefahr.

3.2.1.8 Rohrleitungen

In Zusammenhang mit Rohrleitungen und Pipelines ereigneten sich nur 19 Unfälle (= o,4 %). Ausrutschen oder Abstürzen beim Verlegen und Getroffen werden von auslaufenden heißen oder ätzenden Flüssigkeiten sind die wesentlichen Unfalltypen.

3.2.1.9 Regal, Stapel, Silo

Während sich im Zusammenhang mit Silos nur o,1 % Unfälle ereigneten, ist das Unfallgeschehen in Zusammenhang mit Regalen (2,8 %) und Stapeln (3,4 %) von erheblicher Bedeutung.

Herausragender Schwerpunkt ist - vgl. Tabelle 39 - das "Getroffen werden von Lagergut beim Entnehmen und Füllen oder Stapeln" (2,6 %).

Weiterhin ist beim Stapeln die Quetschgefahr Anlaß zu vielen Unfällen (1,1 %), ferner das Getroffen werden von umstürzenden Stapeln (o,4 %).

Beim Umgang mit Regalen werden die Bedienungspersonen häufig von Regalteilen getroffen, insbesondere losen Regalböden. Auch der Auf- und Abstieg ist mit o,4 % verhältnismäßig hoch unfallbelastet.

Weitere Schwerpunkte sind das "Sich stoßen am Regal oder Lagermaterial" (o,3 %) und der Absturz von Regal, Stapel oder Leiter (o,3 %). Letzterer Unfalltyp hatte nach den Unfallschilderungen fast immer verhältnismäßig schwere Folgen.

Unfalltyp	Regal-Unfälle abs.	(%)	Stapel-Unfälle abs.	(%)
Getroffen werden von Lagergut beim Entnehmen und Füllen (Stapeln)	6o	(1,2)	73	(1,4)
Sich quetschen beim Stapeln und Entnehmen	-		54	(1,1)
Getroffen werden von Regalteilen	28	(0,5)	-	
Getroffen werden von umstürzendem Stapel	-		2o	(0,4)
Ausrutschen bei Auf- und Abstieg	19	(0,4)	6	(0,1)
Sich stoßen am Regal oder Material	15	(0,3)	2	(0,0)
Stürzen von Regal, Stapel oder Leiter	6	(0,1)	8	(0,2)
Sonstige Unfalltypen	13	(0,3)	9	(0,2)
S u m m e	141	(2,8)	172	(3,4)

Tabelle 39 : Unfalltypen im Zusammenhang mit Regalen und Stapeln

3.2.2 Übergreifende Unfalltypen

Im Zusammenhang mit verschiedenen Fördermitteln ereignen sich oft gleiche oder ähnliche Unfalltypen. Um festzustellen, inwieweit diese Unfalltypen übergreifend wesentlich sind, wurde eine Netztabelle (vgl. Anlage 3) angefertigt, in der die wichtigsten übergreifenden Unfalltypen den Fördermitteln zugeordnet wurden. Das wesentliche Ergebnis ist in Bild 4o dargestellt. Es zeigt sich, daß 7 übergreifende Unfalltypen 77,5 %, also mehr als 3/4 des gesamten Unfallgeschehens beim innerbetrieblichen Transport ausmachen.

3.2.2.1 Sich verletzen beim Handtransport

Der Unfalltyp Sich verletzen beim Handtransport einschließlich Handtransport beim Be- und Entladen hat mit 41,4 % den weitaus

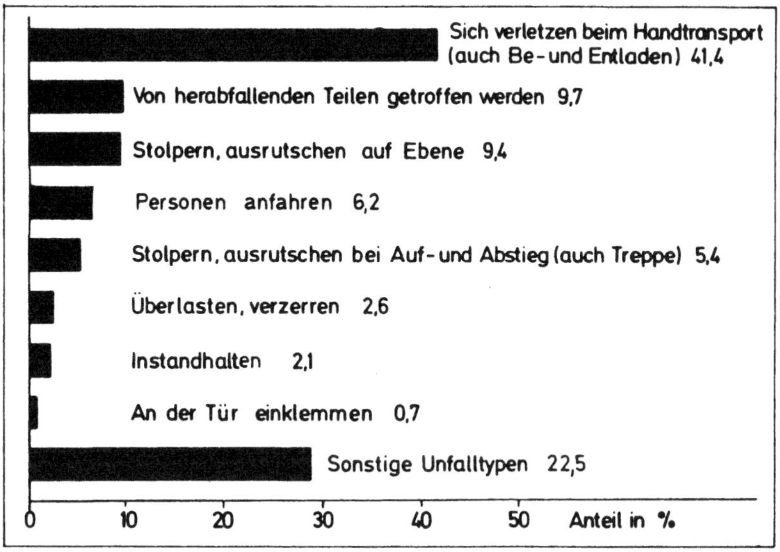

Bild 4o: Wichtige übergreifende Unfalltypen

größten Anteil am Unfallgeschehen des innerbetrieblichen Transports. Im wesentlichen konzentriert er sich auf manuelle Transportvorgänge ohne Bezug auf ein maschinelles Fördermittel; andererseits ereignen sich auch viele Unfälle beim Be- und Entladen von Flurfördermitteln, Stetigförderern, Regalen und Stapeln sowie beim Umgang mit Krananlagen. Dieser Unfalltyp wurde bereits von W. ABT (1978) eingehend besprochen (vgl. Abschnitt 2.1.1). Auch bei der Besprechung der Unfalltypen in Zusammenhang mit den einzelnen Fördermitteln, insbesondere mit dem Menschen (vgl. Abschnitt 3.2.1.2) finden wir umfangreiche Angaben, so daß auf eine weitere Untersuchung hier verzichtet werden soll.

3.2.2.2 Stolpern, ausrutschen

Der Unfalltyp Stolpern, ausrutschen ist mit 14,8 % zweitgrößter Unfallschwerpunkt. 9,7 % dieser Unfälle ereignen sich auf ebenem Fußboden, 5,4 % bei Auf- und Abstieg oder auf der Treppe. Unfallursachen sind nach den Unfallanzeigen in erster Linie glatte und unebene Fußböden, unzweckmäßige Aufstiege zu Führerhäusern und Ladeflächen. Viele Unfälle ereignen sich auch auf Ladeflächen, besonders von Lastkraftwagen.

Aus den Unfallanzeigen ging nicht hervor, ob auch mangelnde Lichtverhältnisse unfallverursachend waren. Dies wird bei einem großen Teil dieser Unfälle vermutet. Ferner wird vermutet - hierfür waren in den Unfallanzeigen einige Hinweise enthalten - daß unzweckmäßiges Schuhwerk besonders bei weiblichen Beschäftigten zumindest dem Unfall förderlich war. Auch eine glatte Schuhsohle scheint zumindest in einigen Fällen einen Rutschunfall ausgelöst zu haben, da in nicht wenigen Unfallanzeigen vermerkt war, daß der Betreffende keine Sicherheitsschuhe (mit Profilsohle) getragen habe.

Um festzustellen, ob es geschlechtsspezifische Unterschiede in der Unfallhäufigkeit gibt, wurde die prozentuale Verteilung der Sturzunfälle zu der prozentualen Verteilung der Gesamtunfälle

Geschlecht	Verteilung der	
	Gesamtunfälle in % (n = 5o49)	Sturzunfälle in % (n = 747)
Männlich	91,6	89,6
Weiblich	8,4	10,4
S u m m e	100,0	100,0

Tabelle 41: Prozentuale Verteilung von Gesamtunfällen und Sturzunfällen nach Geschlechtern

nach Geschlechtern ermittelt. Wie aus Tabelle 41 ersichtlich ist, sind weibliche Beschäftigte prozentual stärker von Sturzunfällen betroffen als männliche Beschäftigte.

Um Aussagen über den Einfluß des Alters auf die Unfallanfälligkeit gegen Sturzunfälle zu erhalten, wurde die prozentuale Verteilung der Sturzunfälle zu der prozentualen Verteilung der Gesamtunfälle nach Altersstufen ermittelt. Aus Tabelle 42 ist ersichtlich, daß bis zum Alter von etwa 3o - 4o Jahren Sturzunfälle an der Gesamtheit der Unfälle unterproportional beteiligt sind, im Alter über 4o Jahre der Anteil wächst. Im Alter über 6o Jahre beträgt der Anteil etwa 5o % mehr als der Schnitt. Es zeigt sich also, daß das Risiko, einen Sturzunfall zu erleiden, mit zunehmendem Alter wächst. Zu dem höheren Anteil von Sturzunfällen im Alter wird wahrscheinlich auch die Tatsache beitragen, daß mit zunehmendem Alter die Folgen von Sturzunfällen schwerer sind und deshalb eher ein anzeigepflichtiger Unfall entsteht als in jüngeren Jahren.

A l t e r	Verteilung der Gesamtunfälle in % (n = 5o49)	Verteilung der Sturzunfälle in % (n = 747)
bis 19	8,3	6,1
20 - 29	24,6	21,6
30 - 39	26,0	26,3
40 - 49	24,0	28,0
50 - 59	13,5	14,1
60 u. mehr	2,1	3,0
keine Aussage	1,5	0,9
S u m m e	100,0	100,0

Tabelle 42: Prozentuale Verteilung von Gesamtunfällen und Sturzunfällen nach Altersstufen.

n = 15.300	LKW	Gabelstapler	Bahn	Σ
Auf- und Abstieg	47	20	23	90
Abspringen	19	5	3	27
Aufsetzen auf Fußboden	21	3	-	24
Σ	87	28	26	141

Tabelle 43: Ausrutschunfälle an Flurfördermitteln

Die Unfälle beim Auf- und Abstieg an Flurfördermitteln - knapp 1 % aller Transportunfälle - wurden einer getrennten statistischen Analyse unterzogen. Das Ergebnis zeigt Tabelle 43. Danach sind Ausrutschunfälle typisch für den LKW-Transport. Sie ereignen sich überwiegend bei Auf- und Abstieg zum Führerhaus und zur Ladefläche, aber auch durch Abspringen von Sitz- oder Ladeflächen. Derartige Unfälle ereignen sich überdurchschnittlich viel im Bereich der Berufsgenossenschaft Handel, Lagerei, Dienstleistung sowie im Hoch- und Tiefbau und auch im Bereich der Nahrungsmittel und Gaststätten-Berufsgenossenschaft. Die Altersgruppen 3o bis einschließlich 49 Jahre sind überdurchschnittlich stark besetzt. Auch ereignen sich Auf- und Abstiegsunfälle überdurchschnittlich stark zu Beginn und Ende der Arbeitszeit, vermutlich wegen des dann häufig erfolgenden Besteigens oder Verlassens der Fahrerkabine und des Bodens zum Ein- und Ausladen. Unfallursachen sind außer mangelnder Aufmerksamkeit (95,7 %) vor allem Glätte (4o,4 %) und Unebenheiten (6,4 %) sowie Mißachten von Verhaltensregeln (Abspringen von erhöhten Bodenflächen), wobei hierfür auch gestalterische Mängel, z.B. das Fehlen von geeigneten Aufstiegstritten, als ursächlich zu vermuten sind.

3.2.2.3 Von herabfallenden Teilen getroffen werden

An 3. Stelle steht mit einem Anteil von 9,7 % aller Transportunfälle der Unfalltyp Von herabfallenden Teilen getroffen werden. Dieser Unfalltyp streut stark über alle Fördermittelarten, konzentriert sich jedoch vor allem auf folgende Fördermittel:

1. Hebezeuge: Mangelnde Verpackung von Fördergut aller Art ist hier die wesentliche Ursache. Dies trifft besonders für stückiges Massengut zu.

2. Regal, Stapel: Beim Entnehmen und Füllen fallen Teile aus dem Regal, beim Stapeln rutschen obere Stapelteile ab oder der Stapel kippt um. Viele Unfälle ereignen sich auch durch sich lösende Regalböden, die auf die Bedienungspersonen fallen.

3. Flurfördermittel: Hier ereignen sich die Unfälle vorwiegend beim Be- und Entladen, doch wurden auch Unbeteiligte während des Transportes durch herabfallendes Material getroffen.

4. Stetigförderer: Die Unfälle ereigneten sich fast ausschließlich beim Beschicken oder Entnehmen von Förderbändern, insbesondere Gurt- und Rollförderern. In einigen Fällen fiel auch Material vom Bandförderer.

5. Mensch: Beim manuellen Transport fiel vorwiegend beim Entnehmen und Absetzen, selten beim eigentlichen Transportieren zwischen 2 Orten, Material auf die Füße. In den meisten Fällen hätten diese Unfälle durch Tragen von Sicherheitsschuhen vermieden werden können.

3.2.2.4 Personen anfahren

Mit 6,2 % Anteil sind die Anfahrunfälle von Personen verhältnismäßig stark vertreten. Im wesentlichen konzentrieren sie sich auf Flurfördermittel. Weitere Unfälle ereignen sich im Zusammenhang mit Hebezeug, insbesondere Krananlagen, und Erdbaumaschinen.

Die sich im Umgang mit Flurfördermitteln ereignenden Anfahrunfälle (5,4 %) wurden einer genaueren Untersuchung unterzogen. Fast die Hälfte dieser Unfälle ereigneten sich durch Sich selbst anfahren. Erwartungsgemäß dominierte dieser Unfalltyp bei Handwagen und Mitgängerfahrzeugen mit mehr als 3/4 der Unfälle, während durch Gabelstaplerfahrer fast ausschließlich andere Personen angefahren wurden. Dies geschieht in mindestens 38 % aller Fälle beim Rückwärtsfahren.

Das Unfallgeschehen streut breit über fast alle Branchen mit Schwerpunkten bei Eisen und Metall (49,o %), Feinmechanik, Optik, (13,5 %) und Handel, Lagerei, Dienstleistung (9,o %).

Im Rahmen des Ursachenkataloges - vgl. Bild 44 - ergab sich als Hauptursache mangelnde Aufmerksamkeit (96,3 %). Durch diese Feststellung soll keinesfalls verkannt werden, daß mangelnde Aufmerksamkeit in der Regel tiefere Gründe hat, z.B. Überforderung, mangelndes Gefahren- oder Sicherheitsbewußtsein, mangelnde motorische Koordi-

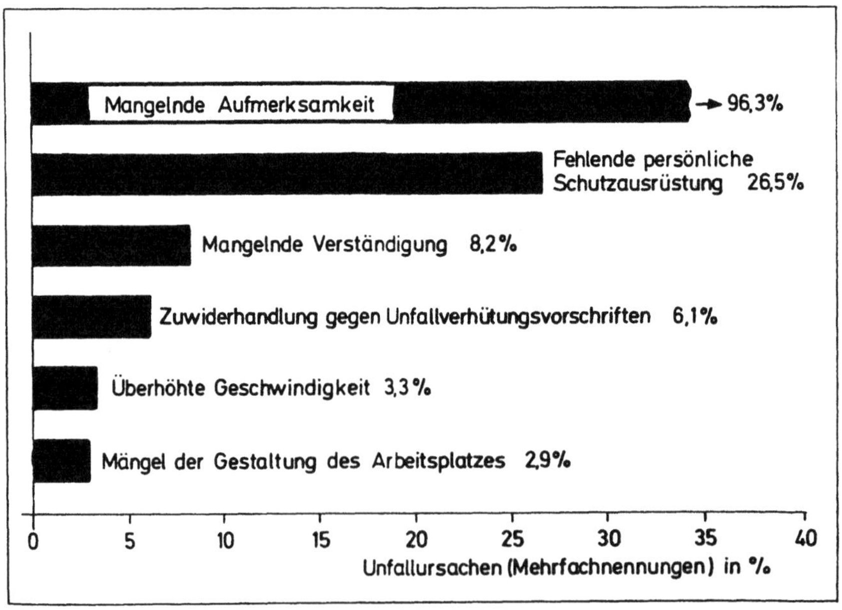

Bild 44: Unfallursachen von anzeigepflichtigen Anfahrunfällen durch Flurfördermittel

nationsfähigkeit usw. Hier wurde lediglich gefragt und damit unbeschadet tieferer Ursachen festgestellt, ob durch erhöhte Aufmerksamkeit der Unfall hätte vermieden werden können. - Erstaunlich hoch ist auch die Zahl der Unfälle, die durch Verwendung persönlicher Schutzausrüstung vermieden oder doch zumindest abgemildert worden wäre. Dies betrifft in erster Linie die Verwendung von Sicherheitsschuhen beim Unfalltyp Sich selbst anfahren beim Fortbewegen von Handwagen. Wesentliche Unfallursache ist nachweisbar in 8,2 % der Unfälle - in Wirklichkeit sicher noch viel häufiger - die mangelnde Verständigung zwischen Fahrer und Dritten. Mangelnde Absprache der Zeichen, Lärm und sprachliche Verständigungsschwierigkeiten bei Ausländern wurden hier als tiefere Ursachen festgestellt. Die Zuwiderhandlungen gegen Unfallverhütungsvorschriften (6,1 %) bezogen sich ausnahmslos auf VBG 12 - Flurfördermittel. Vor allem beim Zurücksetzen des Gabelstaplers überzeugten sich die Fahrer nur ungenügend davon, daß sich im Fahrweg keine Personen aufhielten. Konstruktion und ergonomische Mängel sind hier zum Teil mitverursachend. Überhöhte Geschwindigkeit war in 3,3 % der Fälle nachweislich unfallverursachend, ferner Mängel der Gestaltung des Arbeitsplatzes in 2,9 %, z.B. unebener Boden, zu enge Räumlichkeiten, ungeeignete Türen und Tore.

Der Unfallursachenschwerpunkt Mangelnde Aufmerksamkeit bedarf der Untersuchung der Frage, welche tieferen Gründe hier vorliegen. Um erste Anhalte zu bekommen, ob vielleicht physische und psychische Überbeanspruchungen vorliegen, wurden die Anfahrunfälle nach Klassen der Merkmale, Wochentage, Lebensalter und Zeit nach Arbeitsbeginn zugeordnet und zu den Durchschnittsergebnissen aller Unfälle in Beziehung gesetzt. Es ergaben sich keine wesentlichen Unterschiede, wie beispielhaft Bild 45 zeigt. Daraus kann gefolgert werden, daß die Tätigkeit nicht überdurchschnittlich beanspruchend ist, weil sonst wesentliche Abweichungen beider Kurven zu erwarten wären.

Wir dürfen also annehmen, daß trotz ganz normaler Beanspruchung verhältnismäßig viele Fehlhandlungen auftreten, weil dies in der Natur der Tätigkeit liegt, also die Tätigkeit sehr risikoreich ist.

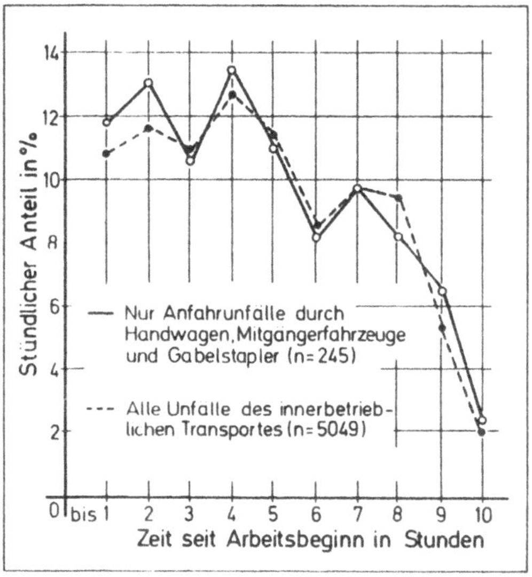

Bild 45: Unfallhäufigkeit nach Zeit seit Arbeitsbeginn

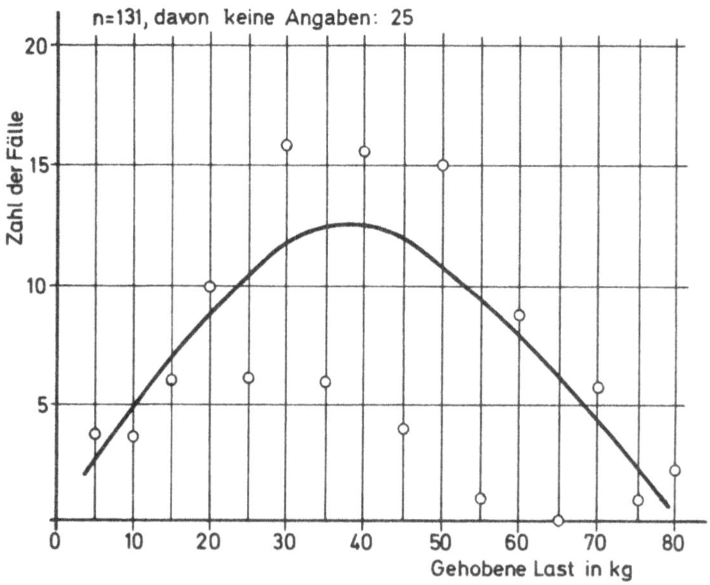

Bild 46: Verzerrung, Bruch usw. infolge Überbeanspruchung beim manuellen Heben und Tragen von Lasten

3.2.2.5 Überlasten, verzerren

Mit 2,6 % aller Transportunfälle liegt auch der Unfalltyp Sich überlasten, verzerren verhältnismäßig hoch. Bei der Verschlüsselung der Unfallanzeige war in der Mehrzahl der Fälle dieses Unfalltyps das Gewicht der Last angegeben oder schätzbar. In Bild 46 wurde die Anzahl der Fälle zur gehobenen Last in Beziehung gesetzt. Es zeigte sich, daß sich der weitaus größte Teil der Fälle dieses Unfalltyps ab 2o - 5o kg Lastgewicht ereignet. Bei den Unfällen mit geringerem Lastgewicht war häufig in der Unfallanzeige "ungeschickte Handverdrehung" oder dergleichen angegeben. Soweit die Unfallanzeigen entsprechende Aussagen enthielten, lagen die zum Unfall führenden Traggewichte bei Frauen bei 2o kg oder weniger.

Wie aus Tabelle 47 hervorgeht, waren Frauen unterdurchschnittlich häufig an diesem Unfalltyp beteiligt. Dies findet in der unbestrittenen Tatsache seine Erklärung, daß Frauen zum Heben und Tragen schwerer Lasten weniger herangezogen werden als Männer.

	Verteilung der	
	Gesamtunfälle in % (n = 5o49)	Überlastungen in % (n = 131)
Männlich	91,6	92,4
Weiblich	8,4	7,6
S u m m e	100,0	100,0

Tabelle 47: Prozentuale Verteilung von Gesamtunfällen und Überlastungen nach Geschlechtern

A l t e r	Verteilung Gesamtunfälle in % (n = 5o49)	Überlastungen in % (n = 131)
bis 19	8,3	6,9
2o - 29	24,6	21,4
3o - 39	26,o	26,o
4o - 49	24,o	27,5
5o - 59	13,5	16,8
6o und mehr	2,1	o,7
keine Aussage	1,5	o,7
S u m m e	1oo,o	1oo,o

Tabelle 48: Prozentuale Verteilung von Gesamtunfällen und Überlastungen nach Altersstufen

Tabelle 48 enthält Angaben über die prozentuale Verteilung der Überlastungsunfälle nach Altersgruppen in Bezug auf die entsprechende Verteilung der Gesamtunfälle. Danach sind Überlastungsunfälle im Alter unter 3o Jahre unterproportional und über 4o Jahre überproportional am Unfallgeschehen beteiligt. Lediglich im Alter über 6o Jahre treten derartige Unfälle selten auf, da offensichtlich Beschäftigte dieses Alters weniger zum Heben und Tragen von Lasten herangezogen werden.

3.2.2.6 Instandhalten

2,1 % aller Transportunfälle ereigneten sich bei der unmittelbar mit dem Transport zusammenhängenden Instandhaltung. Schwerpunkt ist dabei der Umgang mit maschinellen Flurfördermitteln, z.B. Reifenwechsel und kleinere Instandsetzungen, Schmierdienst an Ort und Stelle, Akkuwechsel usw. Auch an Erdbaumaschinen, die wegen ihrer hohen Beanspruchung einem überdurchschnittlichen Zeitanteil für die Instandhaltung unterliegen, ereigneten sich verhältnismäßig viele Instandhaltungsunfälle.

3.2.2.7 An der Tür einklemmen

0,7 % aller Transportunfälle ereigneten sich durch Einklemmen an der Tür, vorwiegend an Flurfördermitteln vor allem Lastkraftwagen und Waggons, häufig auch an Krananlagen aller Art, ferner an Aufzügen und Baggern. In der Regel schlägt die Tür durch Wind zu; in einigen Fällen wurde die Tür versehentlich auch durch Dritte oder die Person selbst zugeschlagen.

3.3 Sondererhebung über untersuchte Unfälle

Auf dem Gewerbeaufsichtsamt Soest wurden 264 durch Gewerbeaufsichtsbeamte besonders untersuchte Unfälle des Jahres 1977 u.a. nach Unfalltypen und Unfallursachen gesondert klassifiziert.

Das Ergebnis der Klassifizierung nach Unfalltypen zeigt Anlage 4. Darin sind die Unfalltypen nach Fördermitteln klassifiziert worden und die Ergebnisse der besonders untersuchten Unfälle denen der übrigen registrierten Unfälle gegenübergestellt worden. Es zeigt sich, daß sich der jeweilige prozentuale Anteil der nach Fördermitteln geordneten Unfalltypen bei den untersuchten Unfällen nur unwesentlich von den nicht untersuchten Unfällen unterscheidet. Lediglich bei Krananlagen und Stetigförderern ist der Anteil der untersuchten Unfälle wesentlich höher als der der nur angezeigten Unfälle. Es handelt sich dabei vor allem um überdurchschnittlich schwere Unfälle. Die Gegenüberstellung ergibt also, daß das Gewerbeaufsichtsamt Soest hinsichtlich der Unfalluntersuchungen keine erkennbaren Schwerpunkte setzt, jedoch schwere Unfälle überdurchschnittlich häufig untersucht.

Eine weitere Gegenüberstellung erfolgte für die Unfallursachen. Die prozentuale Verteilung der Unfallursachen der besonders untersuchten Unfälle ergibt etwa das gleiche Bild wie bei den nur angezeigten Unfällen. Lediglich die Unfallursache "Mangelnde Gestaltung des Arbeitsplatzes" wurde häufiger registriert, da diese Aussage sich auf Grund der Protokolle, Inaugenscheinnahme usw. auch gesicherter ergab als nur auf Grund der Unfallanzeige. Die im wesentlichen deckungsgleichen Ergebnisse in der Gegenüberstellung lassen schließen, daß im allgemeinen die angegebenen oder aus der Unfallbeschreibung zu entnehmenden Unfallursachen mit den sich bei der Untersuchung ergebenden übereinstimmen, also - von

Ausnahmen abgesehen - die Angaben in den Unfallanzeigen der Wahrheit entsprechen. Durch die Untersuchung wird im Regelfall lediglich das Ursachenbild vervollständigt.

4 Diskussion und Anregungen

4.1 Vergleich der Ergebnisse mit dem Schrifttum

Die Ermittlungen von Unfalltypen beim innerbetrieblichen Transport können wir in 3 verschiedene Hauptarten zusammenfassen:

1. Ein Teil der Unfälle - etwa 25 % - ereignet sich nur zufällig beim innerbetrieblichen Transport, z.B. das Stolpern und Ausrutschen beim Gehen und das Sich stoßen an Gegenständen. Diese Unfälle ereignen sich in gleicher Form auch bei anderen Betriebsvorgängen und sind daher als nicht transportspezifische Unfälle einzuordnen.

2. Der größte Teil der Unfälle beim innerbetrieblichen Transport - etwa die Hälfte - ereignet sich bei manuellen Transporttätigkeiten mit Schwerpunkt bei Entnahme und Ablegen des Transportgutes. Hierzu gehört auch das Überlasten und Verzerren. Diese Unfälle ereignen sich vielfach unabhängig von einem maschinellen Transportmittel, in manchen Fällen aber auch im Zusammenhang mit einem Transportmittel, z.B. das Ein- und Aushängen von Lasten an Kranen oder das Be- und Entladen von Lastkraftwagen. Es handelt sich also um Unfälle bei transportspezifischen manuellen Tätigkeiten.

3. Schließlich gibt es Unfälle, die sich bei transportspezifischen maschinellen Vorgängen ereignen, ihr Anteil ist jedoch mit etwa 25 % verhältnismäßig gering. In diesem Rahmen haben die Unfalltypen "Von herabfallenden Teilen getroffen werden" und "Anfahren von Personen" wesentliche Bedeutung. Daneben gibt es eine größere Anzahl im Zusammenhang mit bestimmten Transportmitteln auftretenden Unfalltypen, die jedoch hinsichtlich der Unfallhäufigkeit nur geringe Bedeutung haben, z.B. Einzugsunfälle an Stetigförderern.

Vergleichen wir diese Grobeinteilung mit den eingangs gemachten Angaben im Schrifttum, so stellen wir im wesentlichen Übereinstimmung fest, soweit im Schrifttum bereits Aussagen vorhanden sind. Insbesondere bestätigte sich die Angabe von W. ABT (1978), daß die Unfälle beim innerbetrieblichen Transport vorwiegend nicht spezifisch für Transportmaschinen sind.

4.2 Anregungen für die Datenerfassung

Für die Durchführung der Arbeit hat sich das Formular für den anzeigepflichtigen Unfall bewährt.

Andererseits zeigten sich einige Probleme, die in Zukunft einer Lösung bedürfen:

1. Der Eingang von Unfallanzeigen bei der Gewerbeaufsicht mit 4o - 45 % der den Berufsgenossenschaften angezeigten Unfälle ist bedenklich gering. Bei der Durchsicht hatten wir die Vermutung, daß Unfallanzeigen besonders von Kleinbetrieben nicht der Gewerbeaufsicht zugehen. Es bedarf daher eingehender Überlegungen, wie das jetzige Verfahren der Unfallanzeige so geändert werden kann, daß die Gewerbeaufsicht in den Besitz des notwendigen Datenmaterials kommt, daß für die Ausrichtung einer wirkungsvollen Tätigkeit, insbesondere einer auf Schwerpunkte konzentrierten Unfallverhütungsarbeit, notwendig ist.

2. Die Verschlüsselung der Unfälle nach dem unfallauslösenden Gegenstand, wie dies die Berufsgenossenschaften machen, ist nicht genügend aussagefähig. Eingehende Überlegungen sind notwendig, wie die Verschlüsselung nach dem Merkmal Unfallgegenstand so geändert wird, daß die für die Unfallverhütung erforderlichen wesentlichen Daten bei diesem Merkmal stärker als bisher in die Unfallstatistik eingehen.

4.3 Anregungen für die Unfallverhütung

Es ist nicht Aufgabe dieses Forschungsberichtes, in allen Einzelheiten Vorschläge für die Unfallverhütung zu machen. Vielmehr sollen hier nur wesentliche Anregungen gemacht werden, denen sich spezielle Einzelmaßnahmen unterordnen können.

Ausgangspunkt hierfür ist die besprochene Einteilung der Unfalltypen in die oben genannten 3 Hauptarten. Zu fragen ist dabei insbesondere, welche technischen , organisatorischen und verhaltensgebundenen Maßnahmen wesentlich sind.

Für die nicht transportspezifischen Unfälle gilt: Zur Vermeidung von Stolper- und Ausrutschunfällen muß schon bei der Planung von industriellen Räumen stärker als bisher auf rutschfeste, den speziellen Arbeitsanforderungen angepaßte Fußböden geachtet werden. Dies gilt auch für Ladeflächen von Flurfördermitteln. Das Tragen von Sicherheitsschuhen mit Gummiprofilsohle dürfte die Rutsch- und Stolperunfälle mit Sicherheit weiter wesentlich reduzieren. Auf den Verkehrswegen ist für gute Lichtverhältnisse zu sorgen. Dies gilt besonders für Treppen und sonstige Auf- und Abstiege.

Organisatorisch ist sicherzustellen, daß die Verkehrswege möglichst frei von Hindernissen sind und die Fußböden in geeigneter Form instandgehalten werden. Dazu gehören sowohl turnunsgemäße Reinigungen wie auch Instandsetzungen bei Beschädigungen.

Wesentlich ist auch, mit dem notwendigen Nachdruck dafür zu sorgen, daß die zur Verfügung gestellten Sicherheitsschuhe auch tatsächlich getragen werden. Hier liegt ein weites Feld für verhaltensgebundene Maßnahmen, z.B. Verpflichtung im Arbeitsvertrag, Sicherheitsinspektion, Prämien für Stichprobenkontrollen usw.

Wirksamstes Mittel gegen die große Zahl der Unfälle bei manuellen Transporttätigkeiten ist die Mechanisierung und Automatisierung der einzelnen Transportvorgänge. Auf diese Weise lassen sich, wie die Praxis oft bewiesen hat, nicht nur die Produktionsergebnisse verbessern, sondern auch gefährliche Manipulationen besonders beim Entnehmen und Anheben, aber auch beim Ablegen von Transportgegenständen vermeiden. Ist eine solche Technisierung nicht möglich, muß wenigstens versucht werden, Erleichterung beim Transport zu schaffen, um Überlastungen zu vermeiden. Es geht also in den meisten Fällen darum, das Transportmittel Mensch durch ein geeignetes maschinelles Transportmittel zu ersetzen.

Weiterhin ist wesentlich, daß die zu transportierenden Gegenstände, insbesondere Fördergut mit konstanten Abmessungen, so ergonomisch gestaltet werden, daß ihr Transport erleichtert wird und sich die Beschäftigten nicht an ihnen schneiden oder quetschen können. Dies gilt insbesondere für Kisten, Behälter, Ballen und Paletten.

Auch die Verwendung von geeigneten Schutzhandschuhen wird in vielen Fällen derartige Unfälle verhindern oder in den Auswirkungen verringern. Hier scheint das Problem allerdings vor allem darin zu liegen, die Belegschaft zum Tragen der zur Verfügung stehenden Schutzhandschuhe richtig zu motivieren.

Unfälle bei transportspezifischen maschinellen Vorgängen sind hinsichtlich ihrer Ursachenstruktur sehr vielschichtig. Daher müssen die anzusetzenden Maßnahmen auch sehr spezieller Natur sein.

Ein Schwerpunkt ist bei der Vermeidung des Unfalltyps Anfahren von Personen zu setzen. Unter den verhaltensbezogenen Maßnahmen sind hier Eignungsauslese und Training des sicherheitsgerechten Fahrverhaltens von Bedeutung. Da jedoch Verhaltensbeeinflussung, auch wenn sie im Vorschriftenwesen verankert ist, auf Grund der menschlichen Fehlerhaftigkeit nur beschränkt wirksam sein kann, muß mehr als bisher geprüft werden, ob nicht durch geeignete technische Maßnahmen das Anfahren von Personen verhindert werden kann. Z.B. kann der Unfalltyp Sich selbst anfahren beim Befördern von Handwagen fast vollständig durch Radabweisvorrichtungen vermieden werden. Die Vorschriften sehen dies neuerdings auch vor, doch sind in der Praxis derartige Schutzvorrichtungen noch nicht genügend eingeführt.

Bei der konstruktiven Gestaltung von Gabelstaplern ist die Verbesserung der Sichtverhältnisse und die Entwicklung eines Verfahrens zur objektiven Prüfung der Sichtmöglichkeiten vordringlich, wofür es bereits einen Entwurf beim Normenausschuß Maschinenbau im DIN gibt.

Auch die Minderung der Sichtverhältnisse durch schwingende Rückspiegel bedarf noch einer genauen Untersuchung. Das Ziel muß sein, gute Sichtverhältnisse an einem Gabelstapler quantitativ nachweisbar als Qualitätsmerkmal beim Kauf herausstellen zu können.

Für die Vermeidung von Anfahrunfällen gibt es eine Anzahl ergonomischer und technischer Vorrichtungen, z.B. Farbgestaltung, optische und akustische Warneinrichtungen, Abweiser, Abstandhalter, Geschwindigkeitsbegrenzer, Rückspiegel und andere Möglichkeiten.

Die Entwicklungen derartiger Vorrichtungen und die Prüfung ihrer Wirksamkeit wurde bisher nur ansatzweise behandelt, so daß hier für Entwicklung und Forschung noch ein weites Feld offen ist.

Ein weiteres wesentliches Problem besteht in der Vermeidung des Getroffenwerdens von herabfallendem Transportgut. Dabei ist die Sicherung des Transportgutes im allgemeinen technisch gut lösbar und auch meist gelöst. Die Problematik besteht vielmehr darin, dem Anschläger Verhaltensmaßregeln an die Hand zu geben, die sein Handeln unter den sehr unterschiedlichen Anforderungen konkret binden, ferner darin, ihn zu bestimmten Sicherungsarten zu zwingen, weil diese Sicherungen seine Tätigkeit u.U. zusätzlich belasten. Hier bieten sich als Wege entsprechende Ausbildung und Kontrolle durch die Vorgesetzten an.

Weitere Unfalltypen waren sehr spezifisch auf Bauarten von Fördermitteln zugeschnitten, z.T. auch auf Betriebsverhältnisse, in denen sie eingesetzt wurden. Hier dürfte nur die genaue Untersuchung an Ort und Stelle für die Unfallverhütung erfolgversprechend sein.

4.4 Anregungen für das Vorschriftenwesen

Der Prozentsatz der Unfälle, für die die Nichtbeachtung von Vorschriften und Regeln der Technik als unfallverursachend angesehen werden kann, ist mit etwa 3 % (vgl. Tabelle 27) verhältnismäßig gering. Daraus kann keinesfalls geschlossen werden, daß fast alle Unfälle sich ereignen, obwohl die entsprechenden Vorschriften eingehalten werden. Häufig sind nämlich die Vorschriften -

insbesondere in VBG 1 - so allgemein gehalten, daß sie eher den Charakter von Zielvorstellungen als von konkret bindenden Vorschriften haben. Würden diese Zielvorstellungen mit konkreten sicherheitsgerechtem Verhalten ausgefüllt, hätte sich die Mehrzahl der Unfälle vermeiden lassen. Nur sehr selten ergaben sich konkrete Anhaltspunkte, das Vorschriftenwesen zu ändern oder zu ergänzen. Auch liegt es in der Natur der Meldung und Mängeln der Darstellung des Sachverhaltes, daß sich vorschriftswidriges Verhalten nicht immer nachweisen läßt. Dies gilt besonders für durch Alkohol verursachte Unfälle.

Das wesentliche Problem ist keinesfalls die Regelung des sicherheitsgerechten Verhaltens oder Zustandes, sondern die Frage, wie solche Regelungen durchgesetzt werden können.

Dabei scheint an erster Stelle der Erfordernisse zu stehen, daß das Vorschriftenwesen übersichtlicher gestaltet werden muß. Durch die Unzahl von Gesetzen, Verordnungen, Verwaltungsvorschriften, Erlasse, Unfallverhütungsvorschriften, Durchführungsanweisungen, Richtlinien, Merkblätter, DIN-Normen, VDI-Richtlinien, VDE-Bestimmungen usw., zusammen an der Zahl mehrere tausend Regelungen, tritt eher eine Verwirrung als eine Regelung von Sachverhalten auf. Dazu ist leider auch festzustellen, daß die gleichen Sachverhalte betreffende Vorschriften,z.B. Arbeitsstätten-Richtlinien, Normen und Richtlinien des Hauptverbandes der gewerblichen Berufsgenossenschaften, z.T. auch inhaltlich voneinander abweichen. Was nützen uns Vorschriften, wenn bei Rückfragen der Betriebe an Berufsgenossenschaften oder staatliche Stellen in vielen Fällen festgestellt werden muß, daß selbst diese "Ordnungshüter" sich nicht mehr durch den Vorschriftenwust durchfinden und Tage brauchen, um eine präzise Antwort zu geben. Der Betriebsleiter ist sehr oft und selbst der Sicherheitsingenieur in vielen Fällen beim Herausfinden und Auslegen geltender Vorschriften überfordert. Es bedarf also auf dem Gebiet der Gestaltung des Vorschriftenwesens dringend der Ordnung und Koordination. Eine solche geforderte Übersichtlichkeit ist die Voraussetzung für die Durchsetzung von Vorschriften.

Daneben sind in wenigen Fällen auch Vorschriften verbesserungsbedürftig oder neue zu erlassen. Beispielsweise gibt es über Mindestanforderungen an Rutschfestigkeit von Schuhsohlen und Fußböden und Pflegemitteln keine Norm, die jedoch dringend erarbeitet werden müßte. Ähnlich wäre es auch notwendig, Prüfvorschriften über die Sichtverhältnisse an Gabelstaplern und an Fahrerkabinen von Flurfördermitteln und Krananlagen zu erarbeiten. Bei der Prüfung der Kippstabilität müßte in der Prüfnorm auch auf dynamische Beanspruchungen eingegangen werden. Zu prüfen wäre auch, ob sich Kanthaken nicht normen lassen, da es hierbei offensichtlich sehr unterschiedliche Konstruktionen gibt und von der Einhaltung bestimmter Toleranzen das Nachschlagen abhängig ist (vgl. hierzu W. LANGE u. U. RADEMACHER 1976).

Ähnliche Vorschläge ließen sich bei vielen weiteren Unfalltypen machen.

4.5 Anregungen für die Forschung

Auf Grund der Ergebnisse dieser Arbeit bieten sich auch für die Forschung einige Möglichkeiten an, um Grundlagen für die Verbesserung der Arbeitssicherheit zu schaffen, z.B.:

- Entwicklung eines Systems zur übersichtlichen Gestaltung des Vorschriftenwesens zur Erhöhung der Arbeitssicherheit (im innerbetrieblichen Transport).

- Entwicklung eines Systems einer wirkungsvollen Erfassung von Unfalldaten für die Gewerbeaufsicht.

- Entwicklung von Kriterien und Meßvorrichtungen zur Beurteilung der Rutschfestigkeit von Fußböden.

- Optimale Gestaltung von Profilsohlen zur Vermeidung von Rutschunfällen.

- Entwicklung eines Prüfverfahrens zur Beurteilung dynamischer Beanspruchungsfolgen an Flurfördermitteln, insbesondere Gabelstaplern.

- Untersuchung über die optimale Gestaltung von Aufstiegen an Flurfördermitteln.

- Untersuchung über Möglichkeiten der Mechanisierung bisher manueller Tätigkeiten beim Ein- und Aushängen von Lasten.

- Untersuchung über optimale ergonomische Gestaltung von Transportbehältern.

- Entwicklung ergonomisch optimal gestalteter Kanthaken.

- Entwicklung von Kriterien zur Beurteilung der Sichtverhältnisse von Fahrersitzen, z.B. an Gabelstaplern und Krananlagen.

5 Zusammenfassung

Aus überschlägigen Statistiken war bekannt, daß sich etwa 1/3 aller Unfälle des gewerblichen Bereichs im innerbetrieblichen Transport ereignet. Die Durchsicht des Schrifttums ergab, daß quantitative Angaben nur selten gemacht wurden und sich größtenteils nur auf Teilbereiche bezogen. Ziel dieser Arbeit war es daher, quantitative Aussagen über das gesamte Unfallgeschehen im innerbetrieblichen Transport zu machen, um daraus Anhalte für Unfallverhütung, Ausrichtung des Vorschriftenwesens und Durchführung zukünftiger Forschungsarbeiten zu erhalten.

Als Datenträger für die Erhebung dienten 5313 Unfallanzeigen über Unfälle des innerbetrieblichen Transports, die repräsentativ aus etwa 36.ooo Unfallanzeigen der Gewerbeaufsichtsämter Dortmund, Soest und Wuppertal ausgesucht wurden. Die Angaben der Unfallanzeigen wurden für die elektronische Datenverarbeitung nach Klassen von 23 Merkmalen verschlüsselt und anschließend ausgewertet.

Der Anteil der anzeigepflichtigen Unfälle des innerbetrieblichen Transports an den anzeigepflichtigen Gesamtarbeitsunfällen betrug 33,o %.

Die Auswertung nach einzelnen Merkmalen ergab an Besonderheiten:

- Frauen hatten im Schnitt nur ein Fünftel des Unfallrisikos der Männer.

- Die beim innerbetrieblichen Transport verunglückten Personen wurden vorwiegend nicht im Transport beschäftigt.

- Etwa 3/4 aller Unfälle waren Quetschungen, Prellungen, Platz-, Stich-, Schnitt- und Schürfwunden.

- Eine Klassifizierung nach unfallbewirkenden und unfallauslösenden Gegenständen sowie nach am Unfall beteiligten Gegenständen führte zu erheblichen Aussageunterschieden. Insbesondere wurde die Klassifizierung nach dem Merkmal unfallauslösender Gegenstand fraglich, weil zwei Drittel aller Unfallanzeigen hier keine oder nicht genügende Angaben enthielten.

- Der Schwerpunkt der Unfallursachen lag bei mangelnder persönlicher Aufmerksamkeit. Daneben waren unterlassener oder unsachgemäßer Gebrauch persönlicher Schutzausrüstung, glatter oder unebener Transportweg, physische Überforderung und mangelnde Sicherung des Transportgutes wesentliche Unfallursachen.

Die Auswertung nach Unfalltypen ergab im wesentlichen:

- Etwa die Hälfte der Unfälle ereignete sich beim Transport mit physischer Kraft, insbesondere beim Handtransport. Die weiteren Unfälle konzentrierten sich besonders auf Flurfördermittel, Hebezeug und Lagerung.

- Schwerpunkte beim Umgang mit Flurfördermitteln waren der Umgang mit handbewegten Wagen, Lastkraftwagen und Gabelstaplern. Dabei standen die Unfalltypen Personen anfahren und Verletzungen beim Be- und Entladen im Vordergrund.

- Der größte Teil von Unfällen in Verbindung mit Hebezeugen ereignete sich auf Krananlagen. Hier standen die Unfalltypen Einquetschen zwischen Fördergut und Lastaufnahmemitteln und Getroffen werden von herabfallendem Transportgut oder von Lastaufnahmeeinrichtungen im Vordergrund.

- Unter den Stetigförderern konzentrierte sich das Unfallgeschehen auf Band-,Kreis- und Rollförderer.

- Beim Lagern ereignete sich weitaus die Mehrzahl der Unfälle beim Entnehmen und Füllen durch Getroffen werden von Lagergut oder Sich quetschen beim Stapeln.

Die wichtigsten übergreifenden Unfalltypen waren:
- Sich verletzen beim Handtransport (41,4 %);
- Stolpern, ausrutschen (14,8 %);
- Von herabfallenden Teilen getroffen werden (9,7 %);
- Überlasten, verzerren (2,6 %).

Wichtige Folgerungen aus den Ergebnissen der Arbeit sind u.a.:

- Das Vorschriftenwesen muß übersichtlicher gestaltet werden.

- Die Praxis der Anzeige von Unfällen an die Gewerbeaufsicht bedarf der Überprüfung.

- Die Gewerbeaufsicht muß in der Unfallverhütung stärker als bisher schwerpunktorientiert arbeiten.

- Unfälle bei Transport mit physischer Kraft werden am besten durch Mechanisieren und Automatisieren der Transportvorgänge vermieden.

- Das Benutzen von persönlicher Schutzausrüstung muß stärker als bisher durchgesetzt werden.

- Zur Vermeidung von Rutschunfällen müssen Kriterien erarbeitet werden, die eine Beurteilung der Rutschfestigkeit von Fußböden, Schuhsohlen und Pflegemitteln ermöglichen.

- Die technischen Möglichkeiten zur Vermeidung von Anfahrunfällen bedürfen einer genauen Untersuchung.

- Die Anforderungen an die Sichtverhältnisse von Fahrersitzen bedürfen der Konkretisierung im Vorschriftenwerk.

Schrifttum:

ABT, W. (1978): Betriebliche Transportunfälle. Die Berufsgenossenschaft S. 173 - 179.

ABT, W. (1979): Unfallanalyse '77. Schriftenreihe des Hauptverbandes der gewerblichen Berufsgenossenschaften. Selbstverlag Bonn.

AHLSDORFF, M. (1965): Probleme des innerbetrieblichen Transports in betriebstheoretischer Sicht. Dissertation Göttingen. Selbstverlag.

AMBROSIUS, L. u. LAUMANN, J. (1966): Sicherheit beim innerbetrieblichen Transport und beim Stapeln. Ott-Verlag, München.

BONEFELD, X. (1975): Mehr Sicherheit beim Einsatz von Gabelstaplern. Moderne Unfallverhütung Heft 19 S. 78.

BONEFELD, X. u. MACHELEIDT, M. (1976): Arbeitssicherheit beim Einsatz von Gabelstaplern. BAU Bericht Nr. 147. Wirtschaftsverlag NW Bremerhaven.

BRAUER, F. (1966): Tödliche Transportunfälle in der Eisen- und Stahlindustrie. Arbeitsschutz S. 1o2 - 1o6.

BUNDESMINISTER FÜR ARBEIT UND SOZIALORDNUNG (1973, Hrgb.): Unfallverhütungsbericht 1973, Selbstverlag Bonn. Besonders S. 36 ff.

DICKE, W. (1975): Möglichkeiten zum Schutz vor gefährlichen beweglichen Teilen an Stetigförderern. BAU-Bericht 146. Verlag für neue Werbung Bremerhaven.

DREYHAUPT, J. (1975): Verhältnis der staatlichen Gewerbeaufsicht zu den Berufsgenossenschaften. Beilage zum Jahresbericht der Gewerbeaufsicht des Landes Nordrhein-Westfalen für das Jahr 1974 S. NW 3. Selbstverlag Düsseldorf.

FISCHER, B. (1975): Problematik des Transports bei Bauarbeiten. In: Arbeitsschutz im innerbetrieblichen Transport und Verkehr. Schriftenreihe Arbeitsschutz der Bundesanstalt für Arbeitsschutz und Unfallforschung Nr. 8 S. 42-5o. Wirtschaftsverlag Nordwest Wilhelmshaven.

FRANZIUS, H.J. (1972): Die methodische Zuordnung von Fördermittel und innerbetriebliche Transportaufgabe. Dissertation Hannover. Selbstverlag.

GNIZA, E. (1958): Methoden der Unfallermittlung und Unfallstatistik. Tribüne Verlag Berlin.

GROSSESCHALLAU, W., PAWELLEK, G. (1975): Analyse des Organisationssystems "innerwerklicher Transport" als Grundlage für die statistische Erfassung des Unfallgeschehens. Abschlußbericht des Forschungsvorhabens 247. BAU-Dortmund, Selbstverlag.

GROSSESCHALLAU, W., PAWELLEK, G. (1976): Bewertung von organisatorischen Zuständen im innerwerklichen Transport und Verkehr. Forschungsbericht Nr. 154 der Bundesanstalt für Arbeitsschutz und Unfallforschung. Wirtschaftsverlag NW Bremerhaven.

HAGENKÖTTER, M. (1974): Arbeitsschutz im innerbetrieblichen Transport und Verkehr. Arbeitsschutz S. 2o1 - 2o2.

HENTER, A. (1977): Tödliche Arbeitsunfälle 1976. Statistische Mitteilungen Sonderschrift I der Bundesanstalt für Arbeitsschutz und Unfallforschung. Selbstverlag Dortmund.

JÜNEMANN, R. (1975): Integration fördertechnischer Disziplinen. VDI-Nachrichten 1975 Nr. 49 S. 16.

KÖNGETER, H. (1974): Die Schwerpunktsaktion Transportwesen in der Betriebspraxis. Sicher ist sicher S. 313 - 317.

KUHLMANN, A. u.a. (1969): Prognose der Gefahr. Verlag TÜV Rheinland Köln.

LANGE, W. u. RADEMACHER, U. (1976): Arbeitssicherheit durch Ergonomie am Beispiel Kanten und Putzen von Stahlknüppeln an Putzbänken. Heft 17 der Schriftenreihe Arbeitssicherheit der IG Metall. Selbstverlag Frankfurt.

LICHT, F.R. (1975): Berufsgenossenschaftliche Tätigkeitsschwerpunkte bei der Unfallverhütung auf dem Gebiet des innerbetrieblichen Transports und Verkehrs. In: Arbeitsschutz im innerbetrieblichen Transport und Verkehr. Schriftenreihe Arbeitsschutz der Bundesanstalt für Arbeitsschutz und Unfallforschung Nr. 8 S. 34 - 41. Wirtschaftsverlag Nordwest Wilhelmshaven.

NEUBERT, H. (1971): Unfallschwerpunkte in der gewerblichen Wirtschaft. Selbstverlag des Hauptverbandes der gewerblichen Berufsgenossenschaften, Bonn.

NEULOH, O. u.a. (1957): Der Arbeitsunfall und seine Ursachen. Ring Verlag Stuttgart und Düsseldorf 1957.

NEURATH, P. (1966): Statistik für Sozialwissenschaftler. Stuttgart.

REHMANN, H. (1975): Sichere Organisation von Transportarbeiten. In: Schriftenreihe Arbeitsschutz der Bundesanstalt für Arbeitsschutz und Unfallforschung S. 86 - 111. Wirtschaftsverlag Nordwest Wilhelmshaven.

SCHNEIDER, B. (1961): Unfallstatistik - Probleme und Möglichkeiten. Die Berufsgenossenschaft S. 364 - 368.

SCHOLTISSEK, W. (197o): Ursachen von Transportunfällen beseitigen. Sozialversicherung Arbeitsschutz Nr. 6 S. 12-13.

SCHOLTISSEK, W. (1972): Sicherheit im Transport erhöhen. Teil 1 und Teil 2, Sozialversicherung/Arbeitsschutz Nr. 5 S. 16-17 und Nr. 9 S. 16-18.

SCHRÖDER, O.E. (1979): Erhöhung der Arbeitssicherheit beim Krantransport von Schwerlasten im Gießereihallenbereich eines Stahlwerkes. In: Arbeitssicherheit in der Stahlindustrie (I), BAU Bericht 2o6. Wirtschaftsverlag NW Bremerhaven.

SCHULTE, A. (1975): Arbeitsschutz und innerbetrieblicher Transport und Verkehr. In: Arbeitsschutz im innerbetrieblichen Transport und Verkehr. Schriftenreihe Arbeitsschutz der Bundesanstalt für Arbeitsschutz und Unfallforschung Nr. 8 S. 8-13. Wirtschaftsverlag Nordwest Wilhelmshaven.

SKIBA, R. (1971): Entwicklung einer Methode zur periodenhaften Ermittlung von Unfallschwerpunkten in einem Industriezweig. Forschungsbericht E 4 des Bundesinstituts für Arbeitsschutz. Selbstverlag Koblenz.

SKIBA, R. (1973): Die Gefahrenträgertheorie. BAU Bericht 1o6. Verlag Hug & Co. Wilhelmshaven.

SKIBA, R. (1979): Taschenbuch Arbeitssicherheit. 4. Auflage. Schmidt-Verlag Bielefeld.

SKIBA, R. (198o): Taschenbuch Betriebliche Sicherheitstechnik. Schmidt-Verlag Bielefeld.

TASCHE, G. (1975): Aktuelle Sicherheitsprobleme bei Kranen. In: Arbeitsschutz im innerbetrieblichen Transport und Verkehr. Schriftenreihe Arbeitsschutz der Bundesanstalt für Arbeitsschutz und Unfallforschung Nr. 8 S. 143 - 157. Wirtschaftsverlag Nordwest Wilhelmshaven.

THIELE, B. u.a. (1969): Ermittlung und Analyse von Unfallschwerpunkten im Hochbau, Teil 1: Ermittlung von Unfallschwerpunkten. Forschungsbericht E 1 des Bundesinstituts für Arbeitsschutz. Selbstverlag Koblenz.

THIELE, B. u.a. (197o): Ermittlung und Analyse von Unfallschwerpunkten im Hochbau, Teil 2: Analyse von Unfallschwerpunkten. Forschungsbericht E 1 des Bundesinstituts für Arbeitsschutz. Selbstverlag Koblenz.

VON STEINAECKER, C. (1977): Unfallgeschehen beim innerbetrieblichen Transport. Statistische Mitteilungen Sonderschrift II der Bundesanstalt für Arbeitsschutz und Unfallforschung. Selbstverlag Dortmund.

Anlage 1

Definitionen

Arbeitssicherheit: Zustand, in dem der Beschäftigte vor berufsbedingten Gefahren geschütztist.

Arbeitsunfall: Plötzliches, ungewolltes, einen Personenschaden bewirkendes Ereignis.

Beanspruchung: Auswirkung der Belastung auf den Menschen.

Belastung: Auf den Menschen einwirkende Faktoren der Arbeit.

Ergonomie: Befassen mit der Anpassung der Arbeit an die physischen und psychischen Eigenschaften des Menschen.

Gefahr: Folge eines Sicherheitsdefizits, das sich infolge fehlender räumlicher und zeitlicher Überschneidung der Einflußbereiche der Gefahrenträger Mensch und Gegenstand nicht zu einem Körperschaden auswirken kann.

Gefährdung: Folge eines Sicherheitsdefizits, das sich infolge der räumlichen und zeitlichen Überschneidung der Einflußbereiche der Gefahrenträger Mensch und Gegenstand zu einem Körperschaden auswirken kann = Möglichkeit des Eintreffens eines Unfalls.

Gefahrenbewußtsein: Der Besitz von Kenntnis (Information) über Gefahren.

Risiko: Eintrittswahrscheinlichkeit eines Unfalls bezogen auf die Expositionszeit.

Sicherheitsbewußtsein: Wille (Motivation), sich sicherheitsgerecht zu verhalten.

Unfallschwerpunkt: Konzentration von Unfällen in Klassen von Merkmalen nach Häufigkeit (und Schwere).

Unfalltyp: Unfall, der durch Merkmale nach seinem Hergang charakterisiert ist.

Unfallursache: Grund für einen Unfall.

Anlage 2

	Wuppertal	Dortmund	Soest	Summe
Beschäftigte	166.375	554.739	228.846	949.96o
davon in Betrieben mit Beschäftigten				
1 - 19	4o.437	113.111	72.o64	225.612
2o - 119	54.253	126.268	77.918	258.439
2oo - 999	45.183	98.338	46.297	189.818
1ooo und mehr	26.5o2	217.o22	32.567	276.o91
davon männlich	1o3.959	4o1.584	147.953	653.496
(%)	(62,5)	(72,4)	(64,7)	(68,8)
weiblich	62.416	153.155	8o.893	296.464
(%)	(37,5)	(27,6)	(35,3)	(31,2)
Anzahl der eingegangenen Unfallanzeigen				
Arbeitsunfälle gesamt	6.227	19.o61	1o.756	36.o44
(%)	(1oo,o)	(1oo,o)	(1oo,o)	(1oo,o)
davon innerbetrieblicher Transport	1.993	6.3o8	3.585	11.886
(%)	(32,o)	(33,1)	(33,3)	(33,o)
davon Dienstwegeunfall im öffentl. Verkehr	68	366	98	532
(%)	(1,1)	(1,9)	(o,9)	(1,5)
Wegeunfälle	?	2.24o	3o7	?
Angezeigte Arbeitsunfälle/1ooo Beschäftigte	37,4	34,4	47,o	37,9
% des Durchschnittes (76/1ooo Beschäftigte) im gewerblichen Bereich	49,2	45,3	61,8	49,9
EDV-erfaßte Transportunfälle dieser Untersuchung	1.988	1.561	1.5oo (+ 264)	5.o49 (5.313)

Beschäftigte, eingegangene Unfallanzeigen und untersuchte Transportunfälle auf den Gewerbeaufsichtsämtern Wuppertal, Dortmund und Soest. Bezugsjahr 1977.

Anlage 3

Unfalltypen \ Fördermittel	Unbekannt	Mensch	Werkzeug	Flurfördermittel	Hebezeug	Erdbaumaschine	Stetigförderer	Rohrleitung, Pipeline	Regal, Stapel, Silo	Manipulator	Summe absolut	Summe %
Sich verletzen beim Handtransport, auch Be- und Entladen	-	16o1	1	249	94	3	39	-	1o4	-	2o91	41,4
Von herabfallenden Teilen getroffen werden	3	86	7	78	148	12	36	2	115	-	487	9,6
Stolpern, ausrutschen auf Ebene	27	239	-	165	21	1	11	1	11	-	467	9,4
Personen anfahren	-	-	-	274	36	5	-	-	-	-	315	6,2
Ausrutschen, stolpern bei Auf- und Abstieg, Treppe	-	95	-	1o4	31	14	-	-	28	-	272	5,4
Überlasten, verzerren	-	125	-	3	-	-	-	-	1	-	129	2,6
Verletzen bei Instandhaltung	6	-	-	46	12	16	15	6	-	2	1o3	2,1
An der Tür einklemmen	-	-	-	21	14	2	-	-	-	-	37	o,7
Sonstige	87	257	58	439	2o4	2	23	1o	58	1	1139	22,6
Summe	123	24o3	66	1379	56o	55	124	19	317	3	5o49	1oo,o

Unfalltypen der Fördermittel

Anlage 4

	Unfälle abs.	%	Sondererhebung abs.	%
Fördermittel unbekannt	14	(o,9)	1	(o,4)
Fördermittel Mensch	655	(43,7)	18	(44,7)
Hebel	13	(o,9)	5	(1,9)
Sackkarre, Schubkarre	14	(o,9)	5	(1,9)
Handbewegter Wagen	132	(8,8)	14	(5,3)
Flurfördermittel Mitgängerbedienung	15	(1,o)	3	(1,1)
Motorisch betriebener Transportwagen	2o	(1,4)	3	(1,1)
LKW o.ä.	145	(9,7)	16	(6,1)
Anhänger	5	(o,3)	-	-
PKW	2	(o,1)	-	-
Gabelstapler	91	(6,1)	22	(8,3)
Bundesbahn	2o	(1,4)	1	(o,4)
Sonstige gleisgebundene Fahrzeuge	3	(o,2)	-	-
Fahrrad	2	(o,1)	-	-
Hebezeug, keine weiteren Angaben	2	(o,1)	1	(o,4)
Flaschenzug	2	(o,1)	-	-
Kleinhebezeug	6	(o,4)	1	(o,4)
Elektrowinde, Elektrozug	12	(o,8)	-	-
Aufzug	2	(o,1)	-	-
Kran	185	(12,3)	42	(15,91)
Bagger	15	(1,o)	-	
Lader	16	(1,1)	1	(o,4)
Schütt- und Planiergerät	2	(o,1)	-	-
Gurtbandförderer	3	(o,2)	-	-
Kreisförderer	6	(o,4)	-	-
Becherwerk	1	(o,1)	2	(o,8)
Rollförderer	5	(o,4)	7	(2,6)
Rutsche	1	(o,1)	-	-
Sonstige Bandförderer	8	(o,6)	7	(2,6)
Rohrleitung, Pipeline	7	(o,5)	2	(o,8)
Regal, Materialständer	43	(2,7)	8	(3,o)
Stapel	51	(3,4)	5	(1,9)
Silo	2	(o,1)	-	-
S u m m e	15oo	(1oo)	264	(1oo)

Fördermittel im Zusammenhang mit Unfalltypen auf dem Gewerbeaufsichtsamt Soest

FORSCHUNGSBERICHTE
des Landes Nordrhein-Westfalen

Herausgegeben
vom Minister für Wissenschaft und Forschung

Die „Forschungsberichte des Landes Nordrhein-Westfalen" sind in zwölf Fachgruppen gegliedert:

Geisteswissenschaften
Wirtschafts- und Sozialwissenschaften
Mathematik / Informatik
Physik / Chemie / Biologie
Medizin
Umwelt / Verkehr
Bau / Steine / Erden
Bergbau / Energie
Elektrotechnik / Optik
Maschinenbau / Verfahrenstechnik
Hüttenwesen / Werkstoffkunde
Textilforschung

WESTDEUTSCHER VERLAG
5090 Leverkusen 3 · Postfach 300620

GPSR Compliance

The European Union's (EU) General Product Safety Regulation (GPSR) is a set of rules that requires consumer products to be safe and our obligations to ensure this.

If you have any concerns about our products, you can contact us on ProductSafety@springernature.com

In case Publisher is established outside the EU, the EU authorized representative is:

Springer Nature Customer Service Center GmbH
Europaplatz 3
69115 Heidelberg, Germany

Batch number: 10584556

Printed by Printforce, the Netherlands